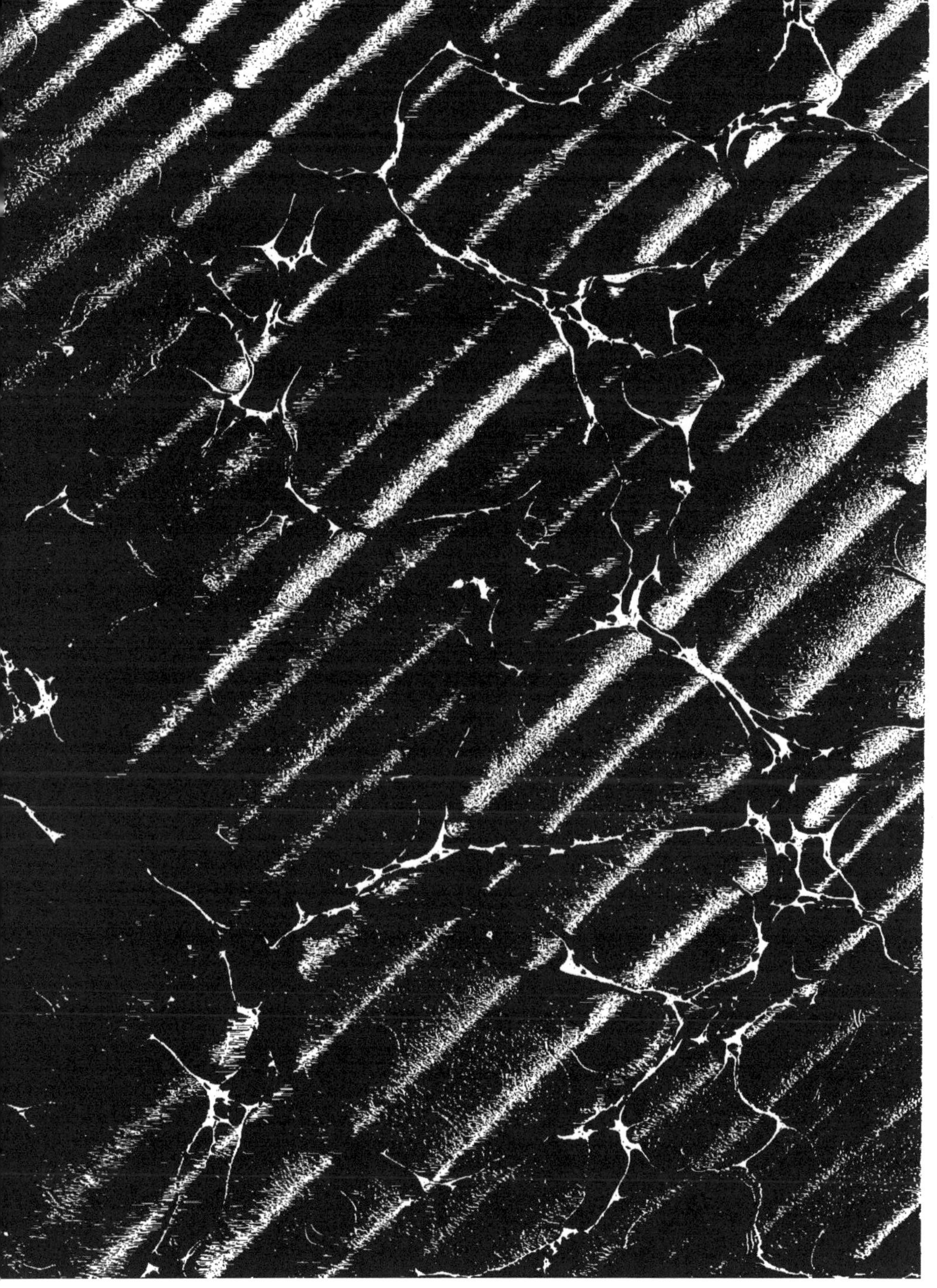

E.-D. LABESSE ET H. PIERRET

PROMENADES BOTANIQUES DE TOUS LES MOIS

100 DESSINS

DE MM. CLAIR GUYOT, CH. GOSSELIN, L. MOUCHOT, SELLIER

Gravure de F. MÉAULLE

PARIS
P. DUCROCQ, LIBRAIRE-ÉDITEUR
55, RUE DE SEINE, 55

PROMENADES

BOTANIQUES

DE TOUS LES MOIS

4276-85. — Corbeil. Typ. et stér. Crété.

E.-D. LABESSE ET H. PIERRET

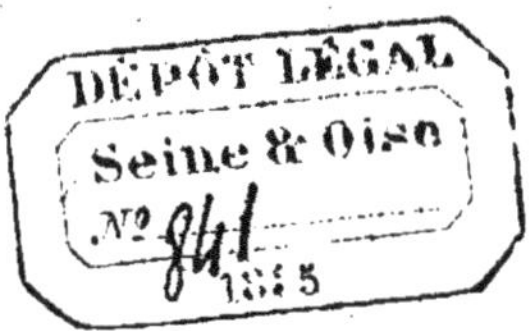

PROMENADES BOTANIQUES DE TOUS LES MOIS

100 DESSINS

DE MM. CLAIR GUYOT, CH. GOSSELIN, L. MOUCHOT, SELLIER

Gravure de F. MÉAULLE

PARIS

P. DUCROCQ, LIBRAIRE-ÉDITEUR

55, RUE DE SEINE, 55

I

JANVIER

« Pendant que la neige,
De ses tourbillons,
Blanchit nos maisons
Que l'hiver assiège,
Demeurons assis ; »

dit en entrant Mlle Cécile Herbeau, une de nos voisines à qui ma mère nous confiait volontiers, heureuse de nous savoir dans l'aimable compagnie de la vieille demoiselle, et de s'affranchir pendant quelques heures du bruit causé par notre turbulence. Ce qu'on comprendra facilement, lorsqu'on saura que nous étions cinq, tant filles que garçons, en comptant notre cousine Laure.

Mlle Herbeau était une petite femme avenante et grassouillette; malgré les rides légères dont le temps avait marqué son visage, elle avait conservé son teint rosé de blonde, la transparence de ses yeux rieurs et la grâce d'un sourire qui avait creusé jadis des fossettes dans ses joues et n'y mettait plus qu'un pli.

C'était une délicieuse compagnie pour la jeunesse que celle de cette presque vieille femme fraîche sous ses cheveux gris, d'un esprit fin et d'un bon sens implacable, bien que dépouillé de toute raideur.

Elle nous avait d'abord demandés de temps en temps à ma mère, puis plus souvent, puis enfin à des jours réguliers dont le retour était pour nous une joie attendue avec impatience, et depuis lors, presque toutes nos promenades avaient eu un but en rapport avec nos études.

L'année à laquelle me reportent ces souvenirs, il avait été décidé que nous nous occuperions de botanique et surtout de l'étude des simples, c'est-à-dire des plantes médicinales ; car, disait Mlle Herbeau, il faut toujours être pratique.

C'était une des grandes ambitions de la bonne demoiselle, d'être considérée comme très pratique, et j'avoue que j'ai toujours eu quelques doutes à cet égard.

Cependant, si c'est être pratique que de se condamner au célibat pour élever, établir et marier je ne sais combien de frères et sœurs qui tous témoignaient leur reconnaissance en lui mettant sur les bras une ribambelle de neveux et de nièces, la bonne âme l'était certainement.

Elle l'était encore si c'est l'être que de réunir chez soi,

chaque soir, une demi-douzaine de marmots mal peignés, mal lavés, de vrais petits sauvages, trop pauvres pour fréquenter l'école, et de leur apprendre à être bons, laborieux, honnêtes, tout en leur enseignant la lecture, l'écriture, l'arithmétique et en leur donnant quelques notions élémentaires utiles à ceux qui habitent la campagne.

Elle l'était surtout, si c'est l'être que d'avoir toujours du temps et de l'argent pour les autres, alors qu'on n'en a jamais pour soi.

Si c'est là être pratique, Mlle Herbeau l'était certainement, et je n'ai jamais connu de femme qui le fût autant, sauf... — elle a effacé son nom après que je l'ai eu écrit, disant qu'il n'y a nul mérite à remplir ses devoirs, et qu'elle ne fait pas autre chose ; mais moi qui sais combien peu d'entre nous savent mettre partout dans la vie le charme qu'elle répand autour d'elle, je tiens à le récrire, — sauf, dis-je, celle qui, au temps déjà lointain de nos promenades avec Mlle Herbeau, était ma cousine Laure, et qui est aujourd'hui ma femme bien-aimée.

Je crois même que c'était elle, la chère fillette, qui avait pensé à spécialiser nos études en nous appliquant principalement à la recherche des simples.

On nous avait donné, à chacun, pour nos étrennes, une de ces boîtes oblongues, en fer-blanc, que tout le monde connaît, une presse garnie d'une quantité suffisante de gros papier gris comme on en prend pour filtrer, et l'on avait ajouté pour mon frère Louis et pour moi une canne de botaniste surmontée d'une légère houlette propre à déraciner les plantes.

Ainsi équipés de pied en cap, nous brûlions de commencer

nos excursions. Ce ne fut donc pas sans un certain désappointement, qu'en nous levant le deuxième dimanche de janvier, nous vîmes la terre couverte d'un épais tapis de neige.

Fidèle au rendez-vous, Mlle Cécile Herbeau n'en arriva pas moins à dix heures du matin, et non moins fidèle à l'une de ses innocentes manies — elle en avait plus d'une, la chère femme, — elle fit son entrée en déclamant, d'une façon plaisante, les quelques vers placés en tête de ce chapitre.

— La promenade n'est pas possible, par un temps pareil, dit ma mère.

— Certainement non, chère madame, répondit notre voisine, rien que pour avoir fait le court trajet de chez moi chez vous, j'avais l'air du bonhomme Hiver.

— Ou plutôt de sa femme, fit ma sœur Claire dont l'esprit plein de précision était choqué à l'idée qu'une vieille demoiselle pût être prise pour le bonhomme en question.

— Si vous voulez, chère enfant ; Marthe est encore en train de secouer mon châle et mon capuchon dans le vestibule.

Nous jetâmes un regard de regret sur le bois poli de nos presses et le vernis éclatant de nos boîtes, tout en nous asseyant autour de la table du salon.

— N'ayez pas trop de chagrin, mes enfants, s'écria Mlle Cécile, saisissant ce regard au passage. A cette époque de l'année la nature semble plongée dans un profond sommeil, et nous ne trouverions rien, quand même nous pourrions sortir.

Quand je dis rien, ce n'est peut-être pas tout à fait exact; si nous ne cherchions que des fleurs nous en pourrions trouver, c'est en janvier que s'épanouissent les chatons du *corylus*.

— Corylus ? répétâmes-nous en chœur...

Il faut vous dire que nous avions appris la botanique en courant les champs avec mon père, et que nous connaissions mieux les plantes sous leurs noms vulgaires que sous les appellations scientifiques.

Corylus nous étonnait.

— Vous comprendrez mieux, reprit Mlle Herbeau, en souriant, si je dis *coudrier*, et mieux encore si je dis *noisetier*.

Nous fîmes un signe d'assentiment.

— Nous ne nous arrêterons pas, continua l'aimable femme, à parler du corylus, bien qu'il donne un fruit comestible et que ce fruit fournisse une huile dont les propriétés sont analogues à celles de l'huile d'amandes douces.

Nous dirons simplement qu'il appartient comme le chêne, le hêtre, le châtaignier, etc., à la famille des *Corylacées*, famille appelée des *Cupulifères* par Richard Eudlicher, des *Quercinées* par Jussieu, de *quercus*, chêne, et des *Castanées* par Adamson, à cause du châtaignier.

Sous quelque nom qu'on la désigne, cette famille, composée de huit genres et d'environ deux cent trente-cinq espèces, est d'une grande importance, eu égard à l'utilité des arbres qu'elle renferme.

Bien qu'il soit facilement attaqué par les vers, le bois de châtaignier est employé dans la construction, et la châtaigne est la base de la nourriture des habitants de certaines localités.

Outre son bois, le hêtre, *fagus*, nous donne son fruit appelé faîne, duquel on tire une huile comestible assez agréable au goût.

Quant au chêne, tout est utile en lui, jusqu'aux productions

morbides que fait naître sur ses feuilles la piqûre du cynips. Ces excroissances, connues dans le commerce sous le nom de noix de galle, servaient autrefois à la fabrication de l'encre; elles sont encore employées dans la médecine vétérinaire et dans l'art de la teinture.

Le chêne nous donne son bois, utilisé par la charpente et l'ébénisterie, son écorce dont on extrait le tannin ou dont on se sert pour préparer les cuirs, son fruit, appelé gland, qui rend plus saine et plus savoureuse la chair des porcs auxquels on en fait manger.

Il paraît même que certaines espèces de chêne donnent des glands comestibles, des glands doux, comme on les appelle.

Nous retrouverons les corylacées au cours de nos futures excursions, laissons donc ce sujet pour aujourd'hui.

Avant de commencer nos courses aventureuses, permettez-moi, mesdemoiselles et messieurs, de m'assurer que vous êtes en état d'y prendre part d'une manière profitable pour vous.

— Oh ! s'écria d'un air offensé la petite Marie, ma plus jeune sœur, alors âgée de huit ans.

— Je sais bien, petite Marie, reprit Mlle Herbeau d'un air malicieux, que tu es assez savante pour nous suivre. Aussi n'est-ce pas pour toi que j'ai parlé. Allons, fillette, dis-nous quelles sont les connaissances indispensables à ceux qui veulent faire, avec fruit, des excursions botaniques.

L'enfant se tut, et nous de rire, excepté Laure qui se mit à la caresser tout en disant :

— Mais oui, Mademoiselle, petite Marie sait très bien qu'il faut connaître les différents organes des plantes, ainsi que les fonctions de ces organes; elle sait aussi que pour connaître le nom d'une plante, il faut attendre qu'elle soit en fleur, parce que les classifications sont basées sur les caractères de la fleur, et que pour nommer une plante il faut d'abord savoir à quelle famille elle appartient. N'est-ce pas que tu sais tout cela, petite Marie?

Marie le savait sans doute, mais très probablement depuis que Laure venait de le dire; aussi n'eut-elle pas d'autre réponse qu'un gros baiser sur la joue de Laure.

— A la bonne heure! fit Mlle Cécile, on vient de nous parler des organes des plantes et des fonctions de ces organes, devons-nous conclure de là que les végétaux sont des êtres doués de vie?

— Certainement! s'écria Louis.

— Fort bien! Il me semble cependant qu'il y a quelques différences entre une plante et un animal.

— Bien sûr, reprit Louis, l'une vit de la vie végétale et l'autre de la vie animale.

— Cette explication me charme, mon ami, mais tu serais bien bon de me l'expliquer.

Louis rougit un peu et trahit un effort de réflexion dans la contraction de son visage, mais ne se laissa pas déconcerter par la douce raillerie de la vieille demoiselle; il répondit donc :

— Tout être qui naît et meurt et qui, dans l'intervalle entre sa naissance et sa mort, s'accroît aux dépens des substances extérieures qu'il s'assimile, est un être vivant; mais les phénomènes de la vie animale et ceux de la vie végétale présentent plus d'une différence.

L'animal s'alimente à l'aide d'organes intérieurs dans lesquels les substances alimentaires subissent l'action chimique de la digestion, les végétaux s'alimentent par des organes extérieurs et ne digèrent pas; de plus les animaux peuvent à volonté se déplacer, ils éprouvent des sensations, et les végétaux n'ont ni mouvement, ni sensibilité.

Mlle Herbeau faisait de petits signes de tête approbatifs, et ma mère caressait doucement les cheveux de Louis pendant qu'il parlait, ravie de voir son favori s'exprimer aussi bien.

Ma mère se défendait beaucoup de cette préférence, mais il est certain qu'elle avait un faible pour Louis, sans doute à cause de sa ressemblance frappante avec mon père, tant pour les traits du visage que pour la tournure d'esprit.

Mlle Cécile voulut embarrasser Louis, en lui parlant de certaines plantes qui paraissent douées de sensibilité : de la sensitive qui replie ses folioles au moindre contact, de l'héliotrope qui suit le mouvement du soleil, du drosera attrape-mouches qui ferme ses feuilles sur l'insecte assez imprudent pour s'y aventurer et ne les rouvre plus que lorsque le dit insecte a été en quelque sorte digéré ; mais Louis ne se laissa pas démonter, et la discussion qu'il soutint contre notre voisine fut une de celles dont il est vrai de dire que de la discussion jaillit la lumière, car, forcé de s'expliquer à lui-même ce qu'il avait appris, pour donner les éclaircissements qu'on lui demandait, il s'était, au cours de cette conversation, réellement assimilé des connaissances jusqu'alors emmagasinées seulement.

Nous demeurâmes donc d'accord que les mouvements de plantes dont avait parlé Mlle Herbeau sont dus non à la sensibilité, mais à une irritabilité qui leur est spéciale.

Claire résuma la question en disant : « Les plantes vivent

et croissent, mais les animaux vivent, croissent et sentent, ainsi que s'exprime Linné; les plantes ne sentant pas sont privées des organes de la sensibilité qui sont le système nerveux et les cinq sens, et ne se déplaçant pas, elles n'ont pas non plus les organes de la locomotion qui sont les membres formés des os et des muscles. »

— Maintenant qu'on nous a indiqué les organes que la plante ne possède pas, je demanderai quels sont ceux qu'elle possède.

— La racine.

— La tige.

— Les feuilles.

— Les fleurs.

— Le fruit.

— Est-ce bien tout?

— Oui, Mademoiselle, répliquâmes-nous tous ensemble.

— Qu'est-ce donc que les *bourgeons* et les *stipules ?* interrogea Mlle Herbeau.

Bourgeons à feuilles.

— Les bourgeons, dit Claire, sont les rudiments des jeunes pousses; il y a des bourgeons à feuilles et des bourgeons à fleurs, faciles à reconnaître à leur forme, les premiers étant moins gros et moins arrondis.

Les *stipules* sont des appendices qui rappellent la forme des feuilles à la base desquelles ils se trouvent et qu'ils remplacent quelquefois complètement comme dans le *trèfle* et la *gesse*.

— Claire me semble avoir des connaissances théoriques

étendues, dit Mlle Herbeau, je lui fais mes compliments ainsi qu'à Louis et à Laure ; en même temps j'exprimerai mon étonnement de voir Pétrarque demeurer silencieux.

Pétrarque, c'était votre serviteur. Je ne sais pourquoi notre voisine avait pris l'habitude de m'appeler ainsi, bien que je me nomme Camille, car je n'avais jamais fait de sonnets alors, et depuis je n'en ai rimé qu'un seul, pour les noces d'argent de mes parents. Il était détestable, pourtant ma mère et Laure m'embrassèrent avec attendrissement lorsque l'aîné des petits enfants, le fils de ma sœur Claire, eut débité ce chef-d'œuvre avec l'emphase que comportaient la circonstance et une si belle poésie.

Enfin, la bonne dame avait sans doute une raison tirée d'ailleurs que des sonnets, pour me donner ce surnom de Pétrarque, et tout le monde s'était accoutumé à m'appeler ainsi, à l'exception de Laure qui souriait quand elle l'entendait, mais ne m'a jamais donné d'autre nom que celui de Camille.

J'aurais certainement pu répondre comme les autres, mais je dois avouer que j'éprouvais un plaisir plus vif à voir Louis et nos sœurs briller dans cette sorte de leçon à bâtons rompus, qu'à briller moi-même. C'est pour cela que je me taisais. Pourtant, voyant, par l'interpellation de Mlle Herbeau, que j'aurais mauvaise grâce à garder plus longtemps le silence, je pris la parole quand elle demanda :

— Quelqu'un veut-il nous parler de la racine?

— La *racine*, répondis-je, est cette partie de la plante qui lui sert à se maintenir fixée au sol et à y puiser sa nourriture.

Elle est formée d'une partie principale appelée *corps de la racine* et de ramifications nommées *radicelles*. Le point auquel la tige commence et se superpose à la racine a reçu le nom de *collet*. La racine pousse en sens contraire de la tige, elle offre cette particularité qu'elle ne devient jamais verte.

— D'après la clarté, la précision des paroles de Pétrarque, j'estime, dit la vieille demoiselle, que notre ami est très versé dans cette matière et j'ai presque envie de lui céder la parole.

— Cédez-la-lui, ma chère amie, dit ma mère, et venez

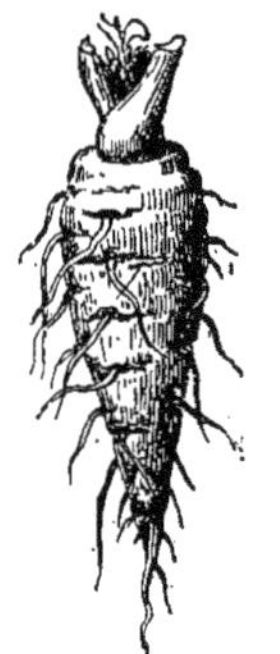

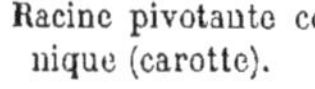

Racine pivotante conique (carotte).

Racine pivotante en forme de toupie (radis).

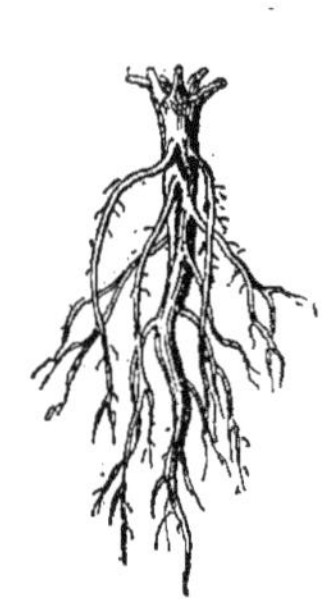

Racine pivotante ramifiée (mauve).

Racine fibreuse de blé.

auprès du feu, il fait un froid glacial. Venez vous chauffer tandis que Camille parlera. Il est utile qu'un jeune homme apprenne à s'exprimer correctement, c'est surtout utile pour Camille qui est timide, trop timide même pour son âge.

J'avais alors dix-sept ans et je me destinais au barreau.

— Si je me trompe ? insinuai-je faiblement.

— Louis te reprendra, ou Claire, ou Laure

— Ou Marie, fit Laure.

— Ou Marie, approuva Mlle Herbeau, déjà installée auprès

de la cheminée, dans la causeuse que lui avait approchée ma mère. Nous vous écoutons, nous aussi.

Il fallut bien s'exécuter; je parlai donc en ces termes ou peu s'en faut :

— Le corps de la racine, qu'on appelle aussi *souche*, peut affecter des dispositions très diverses. Ordinairement cylindrique, la racine peut prendre la forme d'un cône comme la carotte, la betterave, elle peut s'aplatir comme certains navets, se contourner sur elle-même, comme la bistorte.

Quand elle est simple, amincie, qu'elle s'enfonce droit dans la terre, on la dit *pivotante*, et quand elle se subdivise, on dit qu'elle est *fibreuse*.

Certaines racines portent des renflements particuliers, creusés d'yeux dans lesquels se développent des bourgeons qui donnent naissance à d'autres plantes. Ces renflements ont été appelés *tubercules*, et la racine qui les porte est dite *tubéreuse*.

Quelle que soit sa forme, la racine porte toujours des filaments qui, tantôt partent directement du collet, et tantôt naissent des petits enfoncements qu'on trouve sur la souche et auxquels on a donné le nom d'yeux. Ces filaments constituent le *chevelu*, qui peut être considéré comme la vraie racine, puisqu'il contribue seul à la nutrition de la plante, chaque filament du chevelu étant terminé par un petit renflement qui absorbe les liquides chargés des matières dont se nourrit la plante.

Il est facile de s'assurer de ce fait en plongeant dans l'eau l'extrémité de la racine d'un radis; on le voit continuer à pousser et à donner des feuilles, tandis qu'on le verrait mourir s'il était dans la terre tout à fait sèche ou qu'on eut enlevé la pointe de la racine avant de la mettre dans l'eau.

Comme je m'étais arrêté là, Mlle Herbeau demanda si quelqu'un avait quelque question à poser sur ce que je venais de dire.

— Je voudrais savoir,... s'écria Marie qui se tut aussitôt et devint toute rouge.

— Dis, dis, petite Marie, que voudrais-tu savoir ?

— En quoi c'est fait, les racines.

— Pour n'être pas posée d'une manière très scientifique...

— Ni très grammaticale, murmura ma mère.

— Cette question n'en est pas moins digne d'attention, répondit notre voisine ; je dois toutefois te prévenir, petite Marie, que si on sait très bien à quoi sert la racine, on sait moins bien « en quoi c'est fait », je ferai cependant de mon mieux pour te satisfaire.

Tu demanderas à tes frères de te faire voir au microscope la structure d'une plante, tu pourras alors remarquer que toutes les parties des végétaux sont formées de la réunion de corpuscules creux de formes bien déterminées, c'est là ce qu'on appelle les *éléments anatomiques*. De tous ces éléments, le plus important parce qu'il se rencontre le plus souvent et aussi parce qu'il donne naissance à tous les autres, c'est la *cellule*, qui a, en général, la forme des alvéoles d'un rayon de miel et dont la réunion en masses plus ou moins grandes forme le *tissu cellulaire*. On retrouve ce tissu dans toutes les parties molles des plantes.

Quelquefois, les cellules paraissent ne plus croître qu'en longueur et forment des espèces de tubes, on ne les appelle plus cellules, mais *fibres* (page 28).

Les fibres, en se réunissant, donnent naissance à de nouveaux organes en forme de tube qui sont parfois aussi longs que le végétal lui-même, auxquels on a donné le nom de *vaisseaux*. Les vaisseaux ont pour fonction de conduire, à travers tous les organes de la plante, les liquides chargés de substances propres à sa nutrition; leur réunion donne naissance au *tissu vasculaire*. Et pour terminer, la racine, de même que la tige, les feuilles, la fleur et le fruit, est composée de tissu cellulaire. Es-tu satisfaite, petite Marie?

Bien qu'elle s'adressât à l'enfant et qu'elle eût l'air de prendre au sérieux les airs intelligents que celle-ci s'efforçait de prendre, il était évident que les explications de la bonne demoiselle s'adressaient plutôt à nous qui ne les avions pas demandées mais qui n'étions pas fâchés qu'on nous les donnât.

Marie ne savait pas au juste si elle devait ou non se déclarer satisfaite, on sentait que plus d'une question, qu'elle ne savait comment formuler, errait sur ses lèvres.

— Je vois, dit Mlle Herbeau, que Marie a envie de demander « en quoi c'est fait la cellule ». Avant de te répondre, mon enfant, je dois te poser une question : Sais-tu ce que c'est qu'un corps simple?

De ma vie je n'ai vu d'yeux aussi étonnés que ceux de Marie à cette question.

— Je crois comprendre que tu n'as pas encore entendu parler de chimie, poursuivit Mlle Cécile; et toujours s'adressant en apparence à la fillette, elle continua à nous enseigner ce qu'il nous était utile de savoir.

Elle expliqua que la chimie s'occupe des changements

d'état que peuvent subir les corps, des combinaisons qu'ils peuvent former, et que les chimistes appellent corps simples tous ceux qu'on n'est pas encore parvenu à décomposer. Elle ajouta que quelques-uns de ces corps simples seulement entrent dans la composition des substances végétales, dans lesquelles on trouve toujours de l'oxygène, de l'hydrogène, du carbone, et par exception de l'azote, comme par exemple dans le chou, le colza et toutes les plantes auxquelles leur fleur, en forme de croix, a fait donner le nom de Crucifères.

La science qui s'occupe des tissus est l'*histologie*, dit pour terminer notre voisine ; elle est peu avancée encore, et je ne l'ai pas étudiée. Je te supplie, petite Marie, de te contenter de ce que je viens de dire.

— Et de faire en sorte de vous en souvenir, ajouta ma mère qui savait bien à qui s'adressaient les paroles de Mlle Cécile.

Remerciez notre amie et trêve à la botanique pour aujourd'hui. C'est dimanche, mes enfants, il ne faut pas tenir Mlle Cécile toute la journée à vous donner des leçons.

— Alors, qu'est-ce qu'on va faire? dit Marie.

— Regarder les images, répondit Mlle Herbeau qui avait apporté un grand tableau colorié sur lequel on voyait des cellules, des vaisseaux, des fibres et des racines de toute sorte avec leur nom écrit à côté.

Et vraiment! après que Marie eut regardé ce tableau plusieurs fois et que nous lui eûmes à chaque fois répété les explications qu'elle nous demandait, elle avait retenu tout ce qu'il lui était nécessaire de savoir de cette première causerie.

II

FÉVRIER

« Ce n'est pas le printemps, et ce n'est plus l'hiver :
Déjà, sous le fin gazon vert,
On voit poindre des fleurettes. »

C'est par ces vers que nous salua Mlle Herbeau, le deuxième dimanche de février.

— Il y a même des fleurettes qui font plus que de poindre, à ce que je vois, lui dis-je, puisque vous en avez à la main.

— Oui, c'est du *pas-d'âne*. Si nous voulons en recueillir, il faut nous en occuper aujourd'hui. Dans un mois, les fleurs auront fait place à de larges feuilles en forme de cœur anguleux et denté ; vertes en dessus, blanches en dessous.

— Le pas-d'âne sert-il à quelque chose? demanda Claire.

— Oui, mon enfant, il fait partie des quatre fleurs pectorales. Son vrai nom est *tussilage*.

Vous avez dû souvent remarquer à cette saison, dans les lieux humides, de petites hampes solitaires toutes couvertes d'un duvet blanchâtre et portant à leur sommet des fleurs jaunes disposées en capitule.

— Marie en a cueilli un gros bouquet hier, derrière l'usine, elle croyait que c'étaient des pissenlits, dit ma mère ; mais son père lui a fait remarquer que ces fleurs sont plus foncées que celles du pissenlit, que leur tige est cotonneuse et qu'elles sont réunies en une sorte de bouquet.

— Marie avait raison de trouver une ressemblance entre le pissenlit et le tussilage, ils sont de la même famille. Quelqu'un pourrait-il me nommer cette famille?

Nous le pouvions tous et nous nous écriâmes :

— Celle des *Composées*.

— En effet, et maintenant, pourquoi cette famille a-t-elle été désignée sous ce nom?

Nous nous regardâmes, puis nous regardâmes Laure pour l'inviter à parler.

C'est ainsi, dans la jeunesse, on sait une foule de choses sans les savoir, et quand on est interrogé, on répond souvent : « Je sais bien, mais je ne peux pas le dire. »

Laure n'était pas ainsi, elle pouvait toujours dire ce qu'elle savait et n'aurait jamais répondu comme Louis : la famille des Composées est appelée ainsi parce que les fleurs des plantes qu'elle renferme sont composées ; ce qui pour être vrai n'en rappelait pas moins, un peu trop, le célèbre M. de La Palisse.

Avant que Laure eût répondu, l'active Mlle Herbeau, qui avait aidé Marie à nouer les brides de son chapeau, à mettre ses gants, à prendre le petit panier qui remplaçait pour elle la boîte de botaniste, s'écria :

— Nous causerons tout aussi bien en route ; le temps est superbe, partons. Nous passerons par le jardin pour admirer les plates-bandes de jacinthes et de tulipes.

— Les boutons des tulipes commencent à grossir, dit ma mère, et j'ai déjà des jacinthes qui s'entr'ouvrent ; vous verrez aussi comme les jonquilles et les narcisses sont avancés.

J'ai oublié de dire que nous habitions aux confins d'un petit village, dans le département de Seine-et-Oise, à quelques lieues seulement de Paris.

Derrière l'usine, à laquelle mon père était attaché comme directeur, s'étendait une grande prairie qui descendait en pente molle jusqu'à une petite rivière mystérieuse cachée sous de vieux saules, et qu'on passait à gué à quelques cent pas au-dessus de l'usine.

De l'autre côté de la rivière, le terrain se relevait peu à peu ; quelques bouquets de bois, de ceux qu'on appelle des remises dans les cantons giboyeux, s'élevaient çà et là dans les champs, et des bois couronnaient le coteau.

On voit que nous étions on ne peut mieux placés pour faire des promenades botaniques ; il suffisait d'avoir de bonnes jambes, et la marche n'effrayait pas plus notre bienveillante conductrice que nous-mêmes.

Nous voici donc en route, à travers le jardin qui s'ouvrait par derrière sur la campagne, babillant joyeusement.

— Voyez, Mademoiselle, dit Claire, les *lauriers-tin* sont encore en fleurs.

— Et voici, ajouta Laure, les *daphnés* qui commencent à exhaler leur doux parfum.

— En effet, répondit Mlle Herbeau, mais ceux-ci ne sont pas de la même espèce que ceux qui croissent spontanément dans les montagnes.

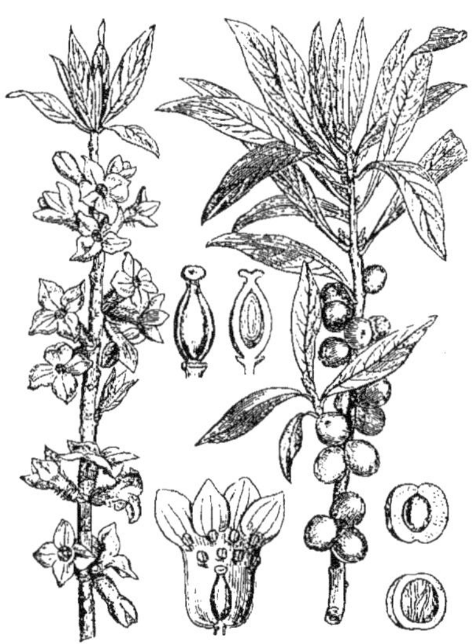

Daphne mezereum (Bois-gentil des montagnes).

Le daphné qu'on cultive comme arbuste d'agrément, à cause de son joli feuillage lustré d'un vert intense, de ses bouquets de fleurs blanches aux pétales épais et charnus, et de la délicieuse odeur de ces fleurs, est le *daphné lauréole.*

Celui dont les fleurs roses embaument en ce moment les forêts au sommet des montagnes est le *Daphne mezereum*, appelé vulgairement *bois-gentil* et *bois-joli*. Son écorce est, ainsi

que celle du *daphné paniculé*, douée d'une âcreté singulière que la thérapeutique met à profit.

Cette écorce, très mince et cependant très difficile à rompre, a une odeur faible et nauséeuse, une saveur âcre et corrosive; on l'emploie comme vésicant, dans les campagnes.

Pour cela, on prend un morceau d'écorce plus ou moins grand, on le fait tremper pendant deux heures dans du vinaigre, puis on l'applique sur la peau en ayant soin de l'assujettir avec une bande de toile. Il suffit de renouveler cette application deux fois en vingt-quatre heures pour obtenir un vésicatoire de l'aspect le plus satisfaisant.

— Ce n'est pas très coûteux, dis-je.

— Aussi peu coûteux que peu expéditif, repartit la vieille demoiselle.

En pharmacie, l'écorce du mezereum et celle du daphné paniculé, plus connu sous le nom de *garou*, entrent dans la composition des pommades dites épispastiques, destinées à augmenter l'action des vésicatoires.

Contrairement à celles de la belladone qui sont mortelles pour l'homme et inoffensives pour les bestiaux, les baies du mezereum sont mortelles pour les bestiaux et peu dangereuses pour l'homme.

Je ne vous conseillerais cependant pas de trop vous y fier; on les emploie en Russie, comme vomitif, dans les cas de coqueluche, mais il paraîtrait que la dose de trente baies, nécessaire à la guérison d'un Russe, suffirait pour empoisonner deux Français.

Pour en finir avec les daphnés, ils appartiennent à la

famille des *Thymélées*, à moins que vous n'aimiez mieux dire *Thyméléacées*, *Daphnacées* ou *Daphnoïdées.*

Cette famille ne renferme que des arbrisseaux, tous remarquables par leur élégance, le parfum et la beauté de leurs fleurs, mais dont le plus grand nombre n'appartient pas à nos climats.

Mais que disions-nous, quand nous sommes sortis ?

> Nous parlions de quelque chose,
> Mais je ne sais plus de quoi !

fredonna la vieille demoiselle.

Je m'inclinai devant elle, lui désignant du geste une petite place toute jaune de fleurs de tussilage.

— *Tussilago farfara !* s'écria Mlle Herbeau, j'y suis! nous parlions des composées et des caractères auxquels on reconnaît les plantes de cette intéressante et nombreuse famille, et nous disions...

— Nous ne disions rien, fit Claire en riant.

— Alors il faut encore que je prenne la parole, ou plutôt que je la garde, car vous m'avez laissé parler toute seule. Je ne puis pourtant pas croire que vous vous taisiez par ignorance.

— Oh! fit Laure en câlinant la vieille dame, ce que vous dites est toujours si clair que nous le retenons sans effort; aussi nous aimons tous à vous écouter.

— Vous me feriez rougir, chère enfant, malgré mon âge, si la bise n'y suffisait.

Prenez la loupe et regardez bien ce qui vous paraît être un pétale de la fleur. Vous pouvez voir que ce n'est pas un pétale, mais une fleur complète avec tous ses organes essentiels et pouvant produire un fruit (*d*).

Ces fleurettes sont insérées sur un réceptacle commun, tantôt creusé de fossettes, tantôt muni de paillettes ou garni de poils. Si bien que la marguerite, dont les fleurs blanches

Tussilago farfara (Tussilage, pas-d'âne).

brillent avec tant d'éclat dans l'herbe des prés, et la modeste pâquerette, et l'élégante étoile bleue de la chicorée sauvage, et l'arnica couleur d'or, et le bluet délicat, et la centaurée dont nous ferons plus tard une ample provision afin de soulager ceux que tourmente la fièvre, et d'autres plantes encore que nous apprendrons à connaître, sont, non pas de simples fleurs, mais un groupe de fleurettes enveloppées d'un calice général qu'on appelle *involucre :* un véritable bouquet (*b*).

J'ai nommé tout à l'heure la marguerite ; vous pouvez vous souvenir, car vous la connaissez assez, que les fleurettes du milieu et celles du pourtour n'ont pas la même forme.

— Ni la même couleur, interrompit Marie d'un air capable; celles du tour sont blanches et celles du milieu sont jaunes.

— En effet. Les jaunes ont un limbe régulier, ouvert en entonnoir et terminé par cinq dents, on les appelle des *fleurons* (*d*). Les blanches sont déjetées en une languette plane, on leur a donné le nom de *demi-fleurons* (*c*).

Les *étamines*, au nombre de cinq, sont insérées sur la corolle, leurs filets sont libres, mais leurs anthères sont soudées ; c'est de là que vient le nom de *synanthérées* donné aux composées par quelques botanistes. Le fruit est ce qu'on appelle un *akène*, il est surmonté d'une petite aigrette destinée à favoriser la dissémination des graines.

Vous connaissez tous, n'est-ce pas, les houppes soyeuses du pissenlit, les chandelles, comme disent les enfants qui se plaisent à souffler dessus pour faire envoler les graines afin de voir, disent-ils, s'ils auront du bonheur.

— C'est pas pour ça qu'on souffle dessus, fit Marie, c'est pour s'amuser.

— Alors tu ne crois pas que cela porte malheur quand les graines ne s'envolent pas toutes ?

— Bien sûr que non.

— Et bien sûr que tu as raison ; rien ne porte malheur, que les mauvaises actions.

Lorsqu'il reste des graines sur le réceptacle, c'est tout bonnement qu'elles ne sont pas assez mûres pour se détacher.

Les Composées sont fort nombreuses, aussi les a-t-on subdivisées en tribus : celle des *Flosculeuses*, dont les fleurs sont composées uniquement de fleurons ; celle des *Semi-flosculeuses*, dont les fleurs n'offrent que des demi-fleurons ; et les *Radiées*, qui sont formées de fleurons entourés d'une couronne de demi-fleurons rayonnant tout autour de la fleur.

J'espère vous en avoir dit assez pour vous convaincre que le tussilage est bien une composée et pour que vous sachiez à quelle tribu il appartient.

— A celle des Radiées, dit Louis.

— Fort bien. Serrez dans les boîtes quelques individus choisis pour vos herbiers et mettez le reste dans le panier de Marie pour l'herboristerie de Laure.

Et puis nous allons rentrer, le temps devient menaçant, et si nous nous écartions nous pourrions être surpris par la pluie.

Ne vous désolez pas, nous ne perdrons rien à rentrer plus tôt que nous ne l'avions pensé ; tout ce que nous aurions pu trouver dans le bois, c'est une fleur verte à odeur fétide, celle de l'*hellébore vert*, une plante de la famille des Renonculacées qui passait, dans l'antiquité, pour guérir la folie.

Réputation usurpée, comme tant d'autres, et dont la science a fait bonne justice.

— Déjà de retour ! dit ma mère en nous voyant pénétrer dans le vestibule.

— Oui, chère Madame, nous avons plus à causer qu'à herboriser en ce moment, et le temps ne permet pas qu'on reste assis sur l'herbe.

Si vous voulez bien nous donner de la ficelle, tout en causant, nous attacherons en chapelet le tussilage que nous rapportons pour le suspendre à l'ombre et le faire sécher.

Ma mère nous donna la ficelle demandée, et après quelques explications sur la manière de faire les chapelets de plantes, à la manière des herboristes, Mlle Herbeau s'informa de ce que nous avions retenu de notre précédent entretien.

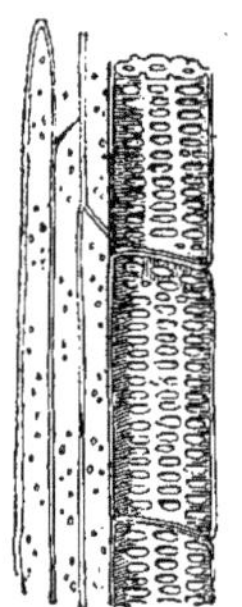

Fibres, vaisseaux ponctués.

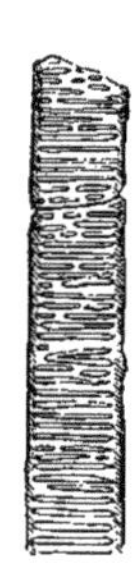

Vaisseaux rayés.

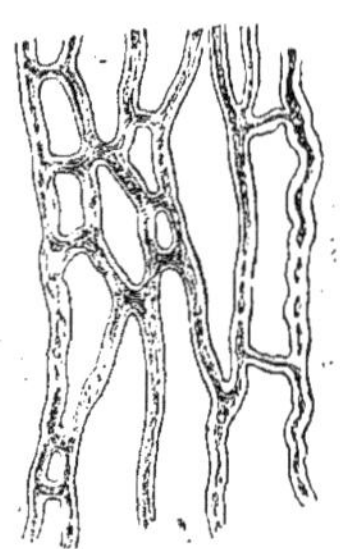

Vaisseaux laticifères.

— Puisque nous avons dit que les organes destinés à conduire à travers la plante les liquides chargés de substances propres à la nourrir sont les vaisseaux, sans aller dans l'*organographie* ou anatomie végétale, plus loin que ne l'exigent nos herborisations, nous devons cependant savoir qu'il y en a quatre espèces principales : les *vaisseaux ponctués*, les *vaisseaux rayés*, les *trachées* et les *vaisseaux laticifères*. Les premiers sont des tubes continus marqués de points clairs plus ou moins nombreux, quelquefois disposés régulièrement. C'est surtout dans les racines et les nervures des feuilles qu'on les rencontre.

Les *vaisseaux rayés* ou fausses trachées sont marqués transversalement de lignes claires.

Les *trachées* sont formées d'une lame spirale qui s'enroule à la manière d'un élastique de bretelle.

Les *vaisseaux laticifères* sont des tubes irréguliers, rameux, sans ponctuations ni raies.

Maintenant, puisque nous avons dit que la racine est la partie

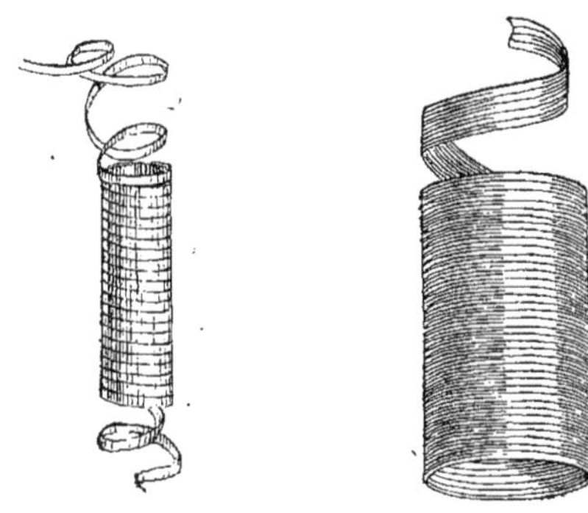

Trachées.

de la plante enfoncée dans la terre, je demanderai comment on nomme la partie qui s'élève au-dessus du sol.

— Camille l'a dit l'autre jour, répondit Claire, c'est la *tige* qui commence tout de suite après le collet de la racine.

C'est elle qui porte les feuilles, elle se subdivise quelquefois en branches et en rameaux. Elle n'a pas toujours le même aspect : tantôt elle est verte, tendre, et meurt chaque année; tantôt elle a la dureté du bois et elle est persistante; tantôt elle participe des deux autres espèces en ce que sa base persiste et que les rameaux meurent. Il y a donc trois espèces de tiges : les tiges *herbacées*, les tiges *ligneuses* et les tiges *sous-ligneuses*.

Tu n'as pas l'air de t'amuser, petite Marie; mais, ma chère enfant, il ne suffit pas de courir les champs en faisant des bouquets pour apprendre la botanique. Voyons, parle un peu, cela te distraira. Te rappelles-tu les volubilis que nous avions semés l'été dernier?

— Oui, Mademoiselle. Et j'en sèmerai encore cette année, j'ai gardé des graines. J'en ferai grimper le long de la fenêtre de ma chambre, cela fera comme un store, n'est-ce pas, maman, que tu l'as dit?

— Oui, oui, nous verrons cela.

— Tu as remarqué que les volubilis grimpent.

— Oui, ils s'enroulent autour des baguettes et des ficelles qu'on met pour les retenir.

— Connais-tu d'autres plantes qui fassent la même chose?

— Le chèvrefeuille, souffla Laure.

— Les pois et les haricots, murmura Claire de l'autre côté.

— Le houblon, la vigne, le liseron, ajouta Mlle Herbeau. De sorte qu'on divise encore les tiges en *grimpantes*, *volubiles*, *rampantes*, etc. Les tiges grimpantes sont celles qui, trop faibles pour se soutenir, s'accrochent aux corps voisins à l'aide de *vrilles* ou d'appendices analogues, comme la vigne, le pois; les tiges volubiles s'enroulent comme nous l'a dit Marie, les unes se contournant de droite à gauche comme le chèvrefeuille et le houblon, les autres se contournant de gauche à droite comme le liseron. Vous pourrez vous assurer de ce fait que chaque espèce s'enroule toujours dans une direction fixe, en déroulant quelques branches et en leur donnant une direction contraire. Vous verrez qu'elles quitteront cette direction forcée pour reprendre celle qui leur est propre.

— Je ferai cela sur mes volubilis, fit Marie.

Pourrait-on savoir ce que Louis et Pétrarque sont allés faire auprès de la fenêtre, au lieu de rester avec nous ? inter-

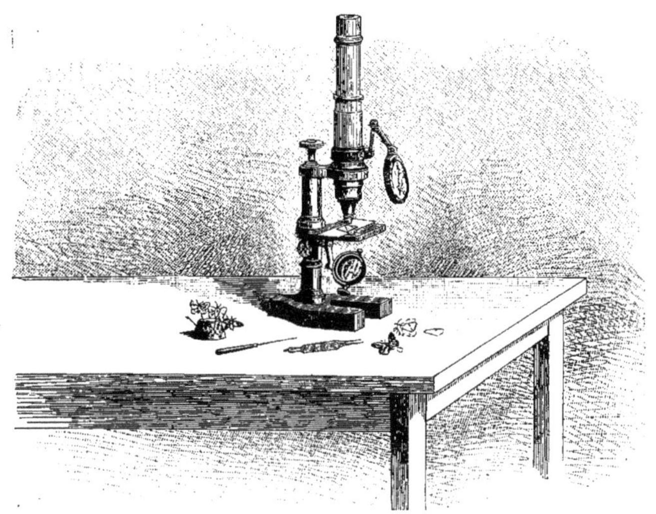

Microscope.

rogea Mlle Herbeau qui, nous croyant inattentifs, craignait de nous ennuyer et se disposait à interrompre la leçon.

Nous lui fîmes voir que nous étions en train de disposer le microscope afin de faire observer aux jeunes filles les vaisseaux de quelques racines et de quelques feuilles de salade et de poireau que ma mère nous avait données à cet effet.

— Voilà de bons garçons, s'écria la vieille demoiselle, rien ne fixe les choses dans l'esprit comme l'observation directe bien plus intéressante que la pure théorie.

Une fois l'œil au microscope, Marie reprit intérêt à la chose ; elle déclara que c'était « très gentil », la botanique, appela maman, fit voir à Marthe, notre vieille servante, s'informa si papa était dans son cabinet pour lui faire dire de venir, et elle n'était pas ensuite la moins ferrée de tous sur l'article des vaisseaux, des cellules et des fibres.

— Qu'est-ce que les feuilles, dit tout à coup Mlle Herbeau.

— C'est... répondîmes-nous, et nous nous regardâmes mutuellement.

Nous savions tous ce que c'est, mais nous n'avions jamais pensé à définir la feuille scientifiquement, aussi cherchions-nous nos expressions, lorsque Marie, avec l'aplomb de l'enfance et mise en goût par ses récentes démonstrations, s'écria :

— C'est : les petites choses vertes qui sont sur les branches.

— Petites ou grandes, fit remarquer Louis.

— Mais généralement vertes, reprit en souriant Mlle Cécile. Nous dirons, pour nous exprimer d'une façon convenable, que les feuilles sont des organes membraneux portés par la tige et les rameaux. Elles sont habituellement planes.

Si vous regardez une feuille ordinaire, vous croyez qu'elle est formée d'une partie mince, demi-cylindrique...

— La queue, interrompit Marie.

— La queue, appelée par les botanistes *pétiole*, et d'une partie plane, élargie, membraneuse, appelée *limbe*.

Lorsque les feuilles sont dépourvues de pétiole et s'attachent directement à la tige, on dit qu'elles sont *sessiles*. On les distingue encore en *simples* lorsqu'elles sont formées d'une seule pièce comme la feuille de chêne, et en *composées* lorsqu'elles sont formées de pièces distinctes réunies par des arti-

Feuilles simples découpées (dentées). Orme.

Feuilles composées multifoliolées. Faux indigo.

Feuille composée et palmée. Marronnier d'Inde.

Feuilles entières opposées.

Feuilles dentées alternes. Cerisier.

Tige dont on a enlevé les feuilles pour montrer l'insertion en spirale.

culations comme dans l'acacia, le marronnier, ou d'après leur forme, en *ovales*, *arrondies*, *linéaires*, *lancéolées*.

On les divise aussi en *opposées* et *alternes* suivant qu'elles naissent sur la branche en face l'une de l'autre, ou en alternant, de telle sorte qu'un fil enroulé autour de la branche en allant de la naissance d'une feuille à celle de l'autre formerait une spirale.

Vous pouvez voir que le dessus de la feuille n'est pas tout à fait pareil au dessous.

— Il est plus vert, fit Marie, incapable comme tous les enfants de se taire longtemps et de suivre une leçon à laquelle elle n'aurait pas mêlé, de temps en temps, son babillage.

— Il est plus vert en effet, et nous verrons à l'aide du microscope que le dessous présente un grand nombre de petits trous qui sont peu nombreux en dessus. Ces petites ouvertures portent le nom de *stomates*, elles font partie de l'appareil respiratoire des plantes.

— Les plantes respirent ! exclama Marie avec stupéfaction.

— Puisqu'elles vivent ! dit Claire ; vivrais-tu sans respirer ?

— Mais je ne suis pas une plante, moi !

Je ne voudrais pas donner une mauvaise idée de notre éducation ni de notre manière d'être les uns envers les autres, mais je crois bien me souvenir d'avoir grommelé qu'elle était une petite bête, voulant dire sans doute qu'elle ne faisait en effet pas partie de l'espèce végétale, mais bien, comme nous tous, de l'espèce animale. Quoi qu'il en soit, ce dont je me souviens très bien, c'est que Claire ayant affirmé, implicitement, que la respiration était nécessaire à la vie des plantes, fut mise au pied du mur et forcée de nous entretenir des fonctions de nutrition des végétaux ; ce qu'elle ne fit pas, malgré son instruction très réelle et très grande pour une fille de seize ans, sans rougir, s'embarrasser et appeler Laure à son secours du regard.

Je résumerai ici brièvement ce qu'elle nous dit, ce que nous ajoutâmes les uns et les autres et ce que Mlle Herbeau ajouta elle-même pour rendre la chose tout à fait claire et complète.

Inutile de dire que Marie avait déserté ; elle était partie étudier les fruits d'une manière pratique en mangeant des pommes. On ne l'avait pas contrainte à rester, elle était si jeune que tout ce qu'on attendait d'elle c'était d'apprendre à reconnaître empiriquement un certain nombre de familles et d'individus. Mais il n'en était pas de même pour nous, nous devions étudier sérieusement, et c'est pour cela que notre bonne voisine sacrifiait ses dimanches d'hiver à nous faire repasser les connaissances précédemment acquises.

Jeune plante dicotylédonée dans laquelle on voit la racine fibreuse, la tigelle, les deux feuilles séminales formées par les cotylédons et les deux feuilles primordiales.

Donc, résumant ce que nous avions dit, à peu près sans ordre, car le grand défaut de la jeunesse est de mal classer ses idées, quand elle les classe, Mlle Herbeau prit le végétal *ab ovo*, c'est-à-dire encore renfermé dans la graine, et nous le fit voir germant, poussant et croissant.

C'est, nous dit-elle, des plantes *dicotylédonées*, c'est-à-dire de celles dont la graine s'ouvre en deux parties ou cotylédons, comme les amandes, que je vous parlerai.

Dès que la graine est dans un terrain convenable, elle se gonfle par suite de l'humidité, son enveloppe se déchire, la *radicelle* apparaît et se dirige par en bas, en même temps que la *tigelle* s'élance par en haut. Les cotylédons s'écartent. Ce sont eux qui, avec l'*albumen*, fournissent à la jeune plante la nourriture appropriée à sa faiblesse. Dès qu'elle est assez forte pour se nourrir elle-même, les cotylédons se flétrissent et disparaissent, les feuilles *primordiales* succèdent aux feuilles *séminales*, puis la tige se constitue.

Si nous supposons que cette jeune plante est un chêne ou tout autre arbre, nous verrons la tige composée d'un système ligneux et d'une écorce.

Les spongioles du chevelu absorbent les liquides fournis par le sol, qui composent la sève ascendante, laquelle est conduite par les vaisseaux du système ligneux jusqu'à la partie de la plante qui est garnie de feuilles.

Les feuilles accomplissent alors une double fonction, elles exhalent une partie de l'eau contenue dans la sève par une évaporation particulière appelée *émanation aqueuse des plantes*, puis elles absorbent l'acide carbonique de l'air. Cet acide est décomposé ; la plante s'approprie le carbone qui se combine avec la sève pour lui donner les qualités nécessaires à la nutrition. Claire n'avait donc pas tort de dire que les plantes respirent, car il y a là un phénomène analogue à celui qui se passe dans nos poumons lorsque l'air y arrive en contact avec le sang. La sève ainsi modifiée par son contact avec l'acide carbonique, dans la partie verte de la plante, prend le nom de *sève élaborée*, c'est elle qui, en circulant dans tous les organes du végétal, leur porte les substances nécessaires à leur accroissement.

Entre le corps ligneux et l'écorce, on trouve une couche d'un tissu cellulaire spécial aux dépens de laquelle s'organise l'*aubier* ou bois imparfait qui, durcissant chaque jour, par l'addition de nouveaux matériaux, devient peu à peu bois parfait en même temps qu'il se forme une nouvelle couche d'aubier. Il faut une année pour qu'une couche d'aubier devienne bois, de sorte qu'on peut savoir l'âge d'un arbre en comptant le nombre de couches concentriques dont le tronc est formé.

L'écorce s'accroît aussi aux dépens de la couche de tissu cellulaire, mais en sens contraire, de sorte que les couches d'écorce les plus anciennes sont à l'extérieur et que l'accroissement du tronc les fait se gercer et se rompre.

On appelle *liber*, les couches inférieures de l'écorce. Le liber est parfois très abondant et sert dans quelques pays à fabriquer des cordes. Vous verrez en beaucoup d'endroits que les cordes des puits ne sont pas faites de chanvre, mais d'une matière spéciale, ces cordes sont fabriquées avec du liber de tilleul.

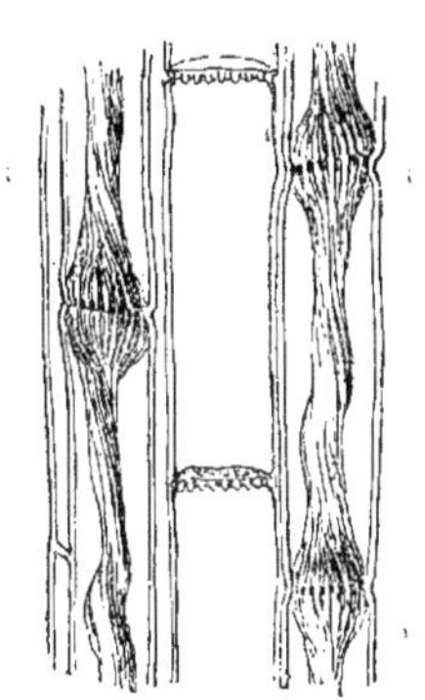
Liber.

Tout l'extérieur du végétal est recouvert d'une couche protectrice, l'*épiderme*, au-dessus duquel se trouve une sorte de vernis auquel on a donné le nom de *cuticule*. L'épiderme est percé d'une infinité de pores destinés à mettre l'intérieur du végétal en communication avec l'air extérieur. Vous voyez qu'il y a encore là une grande ressemblance entre l'organisme végétal et l'organisme animal, et que l'écorce rappelle beaucoup notre peau.

Les branches naissent, comme les feuilles, de bourgeons et s'accroissent de la même manière que la tige.

La structure des plantes *monocotylédonées* est beaucoup plus simple, la tige, au lieu de s'accroître en grosseur et en hauteur, ne s'accroît plus, en général, qu'en ce dernier sens, de sorte que si le bourgeon terminal est atteint, la plante cesse de croître et ne tarde pas à mourir.

Il va sans dire, n'est-ce pas, que l'accroissement de la racine a lieu de la même manière que celui de la tige.

Les feuilles ont, vous le savez, une existence très limitée; dans la plupart des végétaux, elles apparaissent toutes au printemps pour tomber à l'automne, on dit alors qu'elles sont *caduques*. Dans d'autres végétaux comme le lierre, le buis, les arbres qu'on appelle arbres verts, les feuilles poussent et tombent isolément, de sorte que les branches ne sont jamais nues. On dit que ces végétaux ont des feuilles *persistantes*.

— Quel pédagogue je fais ! s'écria Mlle Herbeau après un court silence, et personne n'a demandé grâce, cependant.

— Oh ! nous récriâmes-nous.

— Oui, oui, je sais, vous êtes trop bien élevés pour cela.

— Mais nous ne sommes pas bien élevés du tout, s'écria Louis avec sa pétulance habituelle ; je veux dire, ajouta-t-il en rougissant, que nous n'avions pas besoin de faire appel à notre bonne éducation pour vous écouter avec plaisir.

— C'est bien entendu. Au revoir ! je vous quitte pour ne revenir qu'au printemps, car le voici qui arrive le beau printemps ;

O primavera, gioventú dell' anno;
O gioventú, primavera della vita

s'écria la petite femme avec emphase, puis changeant de ton :

— C'est dans *Métastase;* traduisez cela pour ces demoiselles, Pétrarque.

— Nous le traduirons bien sans lui, dit Claire, cela signifie :

> O printemps, jeunesse de l'année.
> O jeunesse, printemps de la vie.

— Oui, oui, oui ! fit Mlle Herbeau, il y a déjà longtemps qu'on répète ces deux vers, et c'est toujours avec un nouveau plaisir, car le printemps et la jeunesse..... Au fait, de quoi vais-je vous parler, ne savez-vous pas mieux que moi ce que sont ces choses-là, vous qui êtes la jeunesse et le printemps!

Sur ce, toujours souriante, elle nous embrassa et sortit en trottinant de son pas allègre et léger.

III

MARS

Sur l'herbe tendre,
Le ciel vient d'étendre
Un tapis de fleurs.

Le soleil brillait, le ciel était bleu, l'air tiède, les giboulées pas trop fréquentes, nous étions tous prêts à nous mettre en route lorsque notre voisine arriva comme à son ordinaire en récitant des vers. Elle avait lu, je crois, tous les vers qui ont été écrits en France depuis qu'il y a des poètes, et Dieu sait ce qu'elle en avait retenu !

Elle prétendait que toutes les situations de la vie ont été prévues par les faiseurs de vers et les faiseurs de chansons ; qu'on trouve toujours une strophe, un hémistiche ou un refrain applicable à la circonstance dans laquelle on se trouve, si joyeuse ou si tragique qu'elle soit. Quand elle était en verve, elle soutenait cette opinion par les citations les plus spirituelles qu'on pût voir.

A peine fut-elle entrée que Marie courut lui présenter un

petit vase plein d'eau dans lequel rampaient de petites choses vertes d'un aspect assez maladif.

— Qu'est-ce que cela, petite Marie?

— Laisse donc tes lentilles, ce n'est pas bien intéressant, dit Laure.

— Si, si, je veux dire à Mlle Herbeau...

— Mais non, reprit Laure, tu nous retardes.

Savez-vous ce qu'elle avait fait, la bonne chère Laure? Elle ne s'était pas contentée d'ouvrir une amande avec soin et de faire voir à Marie les cotylédons et l'embryon de la plante, elle avait mis des lentilles dans de l'eau, et jour par jour avait fait suivre à l'enfant la germination, la naissance de la radicelle, de la tigelle, de la tige et des feuilles, puis elle avait mis des pépins d'orange dans la terre, pour faire constater à Marie que les mêmes phénomènes qu'elle avait vus se produire dans l'eau, sur les lentilles, se produisent dans la terre. Il y avait déjà quelques orangers qui levaient; le matin même, Marie avait déterré un pépin et vu que Laure ne l'avait pas trompée. Elle était si contente du succès de ces deux expériences qu'elle en parlait à tout le monde, sans oublier d'en faire la base d'un éloge pompeux de Laure, auquel celle-ci tâchait toujours de couper court, mais bien en vain, car la langue d'une petite fille n'est pas facile à arrêter. Du moins celle de Marie ne l'était pas.

Mlle Herbeau admira les lentilles, le pot de terre renfermant les futurs orangers, et nous partîmes enfin.

— Aujourd'hui, nous allons dans le bois, prenons la route afin de n'être pas obligés de passer le gué.

On tousse encore, on tousse beaucoup même, nous allons voir si nous ne trouverons pas quelque chose pour soulager les malheureux que la bronchite ne veut pas abandonner.

Le *lierre terrestre* doit déjà montrer ses élégantes petites fleurs bleues, c'est le moment de le récolter.

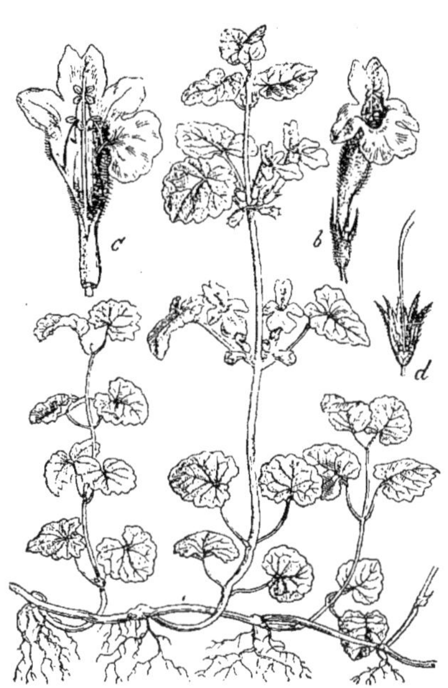

Lierre terrestre (*Glechoma hederacea*).

Il sera fleuri jusqu'en mai; cependant, nous ferons bien de nous en approvisionner sans plus attendre, car malgré le proverbe d'après lequel « abondance de biens ne nuit pas », il viendra un temps où nous nous plaindrons de l'abondance des fleurs.

Le lierre terrestre ou, pour mieux m'exprimer, le *glechoma hederacea*, que les bonnes femmes appellent plus volontiers *rondette* ou *terrette*, jouissait jadis d'une merveilleuse réputation.

— Qu'il a perdue, dis-je.

— Parce qu'il ne la méritait pas sans doute, fit Claire.

— En effet, répondit Mlle Herbeau, il n'y avait aucun droit; on prétendait qu'il dissolvait les calculs de la vessie, pierre et gravelle, qu'il guérissait la folie, et je ne sais plus quoi encore. En Angleterre, il est encore considéré comme une panacée universelle; mais chez nous, les médecins ne l'ordonnent plus qu'en infusion, dans certaines affections légères des poumons. Son action est tonique et stimulante.

Dans quelques provinces, il n'est pas seulement employé en tisane; son odeur aromatique, pénétrante, assez agréable, l'a fait adopter comme une sorte de thé à bon marché.

— Il n'y a qu'à se baisser et à en prendre, fit Louis en arrachant une grosse poignée de gléchome dont les feuilles dentées, en forme de rein et d'un joli vert, formaient sous nos pas un odorant tapis.

— A condition toutefois, repartit la vieille demoiselle, d'habiter quelque part où il y ait des bois ombragés, car c'est là que se plaît le lierre terrestre. Comme vous pouvez le voir à sa fleur, il appartient à la famille des *Labiées*, dont nous aurons occasion de parler plus tard en détail.

— Que regardez-vous donc, de cet air surpris?

Ces derniers mots s'adressaient à Claire et à Laure arrêtées un peu en arrière et qui, loupe en main, discutaient avec une certaine animation.

— C'est la même feuille, disait Laure, et la même fleur.

— C'est-à-dire, répondait Claire, que c'est aussi une labiée, mais la fleur est blanche.

— Oui, mais à part la couleur, elle est tout à fait pareille, et si c'était une autre plante, il y aurait quelque différence.

— C'est vrai qu'il ne m'est pas possible d'en découvrir aucune.

— Enfin, mesdemoiselles, pourrons-nous savoir ce qui vous embarrasse? demanda de nouveau Mlle Herbeau.

Pulmonaire.

— Une plante, dit Claire, qui répondrait absolument au signalement du lierre terrestre : calice strié, à cinq dents, *d*, corolle labiée avec la lèvre supérieure bifide et la lèvre inférieure à trois lobes, *b*, anthères conniventes deux à deux, en croix, *c*, si les fleurs étaient bleues au lieu d'être blanches.

— C'est bien du lierre terrestre; la couleur des fleurs n'y fait rien, car elles sont aussi souvent blanches que bleues, mais elles ne sont jamais roses.

— Regardez, Mademoiselle, les jolies feuilles que je viens de cueillir, interrompit Marie, montrant un bouquet de feuilles lancéolées d'un vert sombre et toutes tigrées de taches blanches.

— Comment cela s'appelle-t-il?

— C'est de la *pulmonaire*, *pulmonaria*, une plante de la famille des *Borraginées*. Elle fleurira le mois prochain, ses fleurs sont tantôt rosées et tantot bleues. Vous pouvez voir que la tige et les feuilles sont parsemées de longs poils rares et piquants, il en est de même de toutes les borraginées, c'est ce qu'on exprime en disant que ces plantes sont *hispides*, elles sont en outre toutes herbacées, à feuilles et à rameaux alternes.

— J'ai bien fait de cueillir de la pulmonaire, n'est-ce pas? demanda Marie.

— Oui, petite Marie, tu as bien fait, mais n'en ramasse pas davantage.

Regardez bien la surface tachetée de ces feuilles, poursuivit Mlle Herbeau; on prétendait autrefois qu'elle ressemblait à la surface marbrée des poumons. De là à déclarer que ces feuilles guérissaient toutes les maladies des poumons, il n'y avait qu'un pas, on s'empressa de le faire; ayant proclamé les vertus curatives de la plante, on lui infligea un nom propre à rappeler ces vertus, on l'appela pulmonaire.

De nos jours, l'imagination a peu de place dans la thérapeutique; la pulmonaire a conservé son nom, comme elle a gardé ses feuilles d'un aspect aussi étrange qu'agréable, sa hampe élégante garnie de fleurs roses et bleues, mais elle a entièrement perdu son ancienne réputation.

Quelquefois, cependant, les paysans s'en servent pour préparer une décoction émolliente aux lieu et place de sa sœur la bourrache, dont elle a les propriétés bien qu'à un moindre degré.

Nous aurons de la bourrache autant que nous en voudrons

cet été, ne vous encombrez donc pas de pulmonaire. Marie en a tout autant qu'il nous en faut.

Avez-vous fait une bonne provision de lierre terrestre?

Si nous en avions une bonne provision, grand Dieu ! Laure et Mlle Cécile en avaient chacune un ballot suffisant pour approvisionner au moins trois herboristes.

Je me demandais si elles nourrissaient l'espoir de nous voir avaler l'énorme quantité de tisane qu'on pouvait faire avec cela, ou si elles avaient envie de nous en confectionner du thé dans les soirées d'hiver.

Ce qui m'étonna encore bien davantage, c'est que je n'en revis jamais un traître brin, ni chez notre voisine, ni dans l'armoire de la lingerie qu'on avait décorée du nom de « herboristerie de Laure ». J'appris plus tard, bien plus tard, que les bonnes âmes avaient remis leur récolte à la petite Madeleine Gélot, qui vivait auprès d'une grand'mère infirme, afin que l'enfant pût l'aller vendre au pharmacien et à l'herboriste, et pour qu'elle sût, les années suivantes, qu'il y avait moyen de faire un petit commerce en ramassant les herbes des champs.

Elles ne s'en tinrent pas au lierre terrestre ; tout ce qui était de vente fut récolté par elles, à l'intention de Madeleine à qui Laure prépara en outre un petit herbier, afin qu'elle pût elle-même reconnaître plus tard les plantes utiles.

Vraiment, plus je réfléchis et plus je crois que Mlle Herbeau et ma chère Laure avaient raison de se dire très pratiques.

Nous avions quitté le bois, et quoi qu'en eut dit notre conductrice en partant, nous nous dirigions vers les prés.

— Nous n'avons plus rien d'utile à faire dans le bois, enfants ;

en rentrant par les prairies, nous pourrons peut-être faire un bouquet de pomerolles pour maman. Qu'en dites-vous?

Ma mère adorait les fleurs, c'était une joie pour nous de penser que nous allions lui rapporter un bouquet.

— Qu'appelez-vous pomerolles, demandai-je?

— Vous ne connaissez que cela : cette jolie narcisse jaune pâle que tous les enfants du pays vont chercher le dimanche pour en vendre des bouquets aux promeneurs parisiens.

— Ah! fis-je, les aillaux?

— Oui, c'est ainsi qu'on les appelle ici; dans d'autres localités, on les nomme coucous, comme la primevère officinale; leur vrai nom est faux-narcisse. Si jolis qu'ils soient, méfiez-vous-en; ils sont très vénéneux.

Tout verdoyait au bord du ruisseau, mais de pomerolles, point.

A défaut de bouquet, nous crûmes pouvoir rapporter une salade, et nous nous mîmes à cueillir dans le ruisseau ce que nous pensions être du cresson et de très beau cresson.

— Étourdis! s'écria Mlle Cécile, ne voyez-vous pas que votre prétendu cresson a des fleurs lilas?

— C'est vrai, fit Laure, où avions-nous la tête! le cresson fleurit blanc.

— Oui, et il ne fleurit que bien plus tard.

Cependant, vous ne vous êtes pas trompés autant que j'ai eu l'air de le dire, car la plante à fleur lilas doucement parfumée que nous avons ici est de la même famille que le cresson et jouit comme lui de propriétés dépuratives. Je voulais justement vous la faire voir, c'est la *cardamine*, *cardamina pratensis*.

Si vous voulez goûter la cardamine, rien ne s'y oppose; on la mange dans certains pays où elle est connue sous le nom de cresson des prés. Il y en a plusieurs variétés, dont une à fleurs blanches.

Vous pouvez voir que la corolle de la cardamine est formée de quatre pétales disposés en croix, cela vous indique qu'elle fait partie de la famille des *Crucifères*.

Cette famille fournit à notre alimentation le chou, le navet, la moutarde, le raifort, le cresson, le radis, et à nos jardins les giroflées, les juliennes, les thlaspis, l'alysse ou corbeille d'or.

Si Claire veut des papillons orange pour sa collection, elle sera sûre d'en trouver, car le papillon orange se pose de préférence sur les fleurs de la cardamine.

Les saules déployaient leurs chatons élégants et parfumés, je coupai une des branches fleuries qui se penchaient au-dessus de la rivière et je l'offris à Mlle Herbeau en lui demandant si la fleur de saule était de quelque usage.

— Non, dit-elle. Ce qui est utile dans le saule, c'est l'écorce dont on extrait une substance cristallisable, amère, à laquelle on a donné le nom de *salicine*, et qui peut remplacer, dit-on, la quinine.

Vous devez avoir entendu parler de l'acide salicylique, qui a joui dernièrement d'une certaine vogue pour le traitement des rhumatismes. Cet acide n'a d'action que grâce à la présence de la salicine.

Les bourgeons des peupliers commençaient à éclater, les uns laissant percer déjà les pointes vertes des feuilles, les autres livrant passage aux fleurs, ceux qui n'étaient pas encore ouverts luisaient au soleil, comme s'ils eussent été vernis.

Nous en fîmes la remarque, et notre voisine nous apprit que les bourgeons du peuplier sont enduits d'une matière résineuse appelée *tacamahac*, laquelle est balsamique et passe pour antiscorbutique.

Je ne jurerais pas qu'elle le soit en effet, mais ce qu'il y a de certain, c'est que les bourgeons de peuplier entrent dans la composition d'un onguent employé comme topique calmant pour les tumeurs, les petites plaies et les brûlures.

Prêles (tige stérile).

Et voilà tout ce que nous avions à voir aujourd'hui ; nous n'avons donc plus rien à faire dans les champs, à moins que nous ne ramassions une ou deux poignées de cet étrange petit végétal dont les tiges fructifères ressemblent assez bien à une asperge desséchée ou plutôt à une infiniment petite morille plantée au bout d'une tige transparente.

— Qu'en ferions-nous ? demanda Louis.

— Nous en garderions quelques-unes pour nous, afin d'observer, au microscope, le mouvement circulatoire de la sève, très visible entre les petits anneaux durs qui marquent les segments de la tige, et nous donnerions le reste à Marthe pour écurer les cuivres.

— Pour écurer ? répéta Marie surprise que des herbes, comme elle disait, pussent être bonnes à cet usage.

— Comme tu dis, petite Marie ; *les prêles*, c'est ainsi qu'on nomme ces petites plantes, type de la famille des *équisétacées*, ne servent pas à autre chose qu'à nettoyer les métaux. Elles remplacent très bien le sablon, surtout la prêle d'hiver, qui contient jusqu'à 10 p. 100 de matière siliceuse.

Lorsqu'on compare ces minces tiges de 5 millimètres à peine de diamètre, et même les prêles des Alpes qui atteignent 60 centimètres de haut, aux prêles fossiles entre lesquelles se jouaient les *mégathériums*, on se prend à songer avec tristesse à la diminution des forces de la nature qui ne produit plus aujourd'hui de ces êtres gigantesques.

Et la souriante femme poussa un gros soupir.

Naturellement, Marie ne savait pas ce que c'est qu'un méga thérium, il fallut lui dire que c'était un animal d'une espèce aujourd'hui disparue, analogue au paresseux ou bradype et dont on retrouve les débris gigantesques dans certains terrains de l'Amérique méridionale ; que cet animal était aussi haut qu'un éléphant et plus gros qu'un rhinocéros, et pour donner à la petite fille une idée plus nette encore de la taille de ce géant antédiluvien, on lui dit que les dents du mégathérium étaient longues de 18 à 20 centimètres, ce qui la plongea dans une rêverie pleine d'étonnement de laquelle elle ne sortit que pour poser une foule de questions à Mlle Herbeau.

De pourquoi en comment et en parce que, nous arrivâmes à la maison sans nous être aperçus de la longueur du chemin.

— Déjà ! s'écria ma mère en nous voyant rentrer crottés, jaseurs, les joues rouges comme des pommes d'api et suffisamment affamés pour accueillir, avec une joie nullement simulée, l'appétissant goûter qu'elle nous avait préparé.

— Déjà ! répéta Mlle Herbeau, c'est un terme de reproche. Heureusement que nous n'avons pas le cœur sensible aux affronts de ce genre et que nous ne nous en irons pas pour cela.

Tout en goûtant, nous racontâmes ce que nous avions vu, ce que nous avions rapporté ou voulu rapporter. Mlle Herbeau fit compliment à ma mère de son parterre. Marie fit voir les prêles, et nous demandâmes qu'on nous préparât, pour le dîner, notre salade de cardamine.

Ce dernier point ne fut pas accordé sans quelques objections : ma mère avait pour principe de se défier de l'inconnu, ce qui est très sage, surtout en matière de végétaux, car il peut arriver qu'on s'empoisonne bel et bien sous prétexte de s'offrir un régal.

Sur les affirmations réitérées de Mlle Herbeau, qu'il n'y avait aucun danger, que cette plante entrait dans l'alimentation en beaucoup d'endroits, ma mère consentit à nous permettre d'y goûter. Mais la salade qu'on servit le soir était si petite qu'il aurait fallu de la bonne volonté pour s'empoisonner avec, si vénéneuse qu'elle eût été.

Nous déclarâmes, après expérience, que cela ne valait pas le cresson, et nous ne parlâmes plus d'introduire ce mets sur la table paternelle.

Après le goûter, Mlle Cécile ayant désiré voir les tussilages recueillis le mois précédent, nous apportâmes nos presses.

Il y eut alors quelques déceptions. Les uns, comme Louis et moi, avaient déposé les fleurs entre deux feuilles de papier buvard, placées elles-mêmes entre deux cahiers du même papier, puis avaient rebouclé les courroies de leur presse, mis la presse dans une armoire et n'y avaient plus songé, de sorte que les fleurs abandonnées à elles-mêmes étaient attaquées par la moisissure.

Les autres, comme Marie, avaient si bien tourné, retourné, tourmenté les pauvres tussilages, qu'il ne restait plus que de petites choses noirâtres, ratatinées, qui n'avaient plus de forme reconnaissable.

Soigneuses, comme toutes les jeunes filles, Claire et Laure avaient mieux réussi sans toutefois que le résultat fût complètement satisfaisant, car la plupart des fleurs avaient noirci.

Il nous fallut donc à tous quelques conseils.

Notre voisine nous montra comment nous devions nous y prendre pour disposer la plante dans une feuille de papier, de sorte que toutes ses parties fussent bien distinctes, et cependant sans la meurtrir en la maniant trop rudement ; puis comment il fallait placer cette feuille simple entre deux petits cahiers de papier posés en sens inverse de la feuille contenant la plante, c'est-à-dire s'ouvrant à gauche lorsque celle-ci s'ouvre à droite.

Elle nous recommanda ensuite de changer tous les jours les petits cahiers de feuilles vides, sans ouvrir les feuilles pleines, et de continuer ainsi jusqu'à ce que les cahiers intermédiaires ne présentassent plus trace d'humidité.

Alors seulement, on pouvait sortir les plantes de la presse pour les fixer sur du papier un peu fort, à l'aide de petites bandes collées.

Là ne s'arrêtait pas la confection de l'herbier ; il était encore nécessaire d'écrire à côté de chaque plante son nom, celui de sa famille, l'époque de sa floraison, ses usages et la nature du lieu dans lequel elle avait été recueillie.

— Ce sont là bien des soins pour ces étourdis, ne trouvez-vous pas, chère? s'écria ma mère, dont le sourire semblait demander une contradiction qui ne se fit pas attendre, car notre bonne voisine répondit, comme c'était indiqué, que nous n'étions pas étourdis mais seulement très gais, et que, si méticuleuses qu'elles parussent, les manipulations exigées par la confection d'un herbier n'étaient pas au-dessus de nos moyens. Ce qui n'empêcha pas Marie de hocher la tête un nombre de fois incalculable et Louis de grommeler :

— C'est bon pour les filles, toutes ces histoires-là.

Quant à moi, si je ne disais rien, je n'en pensais pas plus, pas moins, veux-je dire, et je me promettais déjà de faire un compromis avec Claire et avec Laure, ou tout au moins avec la dernière, car Claire avait coutume d'accueillir les propositions du genre de celle que je méditais par un :

— Je fais mes affaires, tâche de faire les tiennes toi-même, qui arrêtait court les tentatives d'entente.

Je songeais donc à m'en reposer sur Laure de la dessiccation de mes plantes en me chargeant, en retour, de lui écrire les légendes de son herbier avec des encres de couleurs différentes, des majuscules ornées, un travail d'art qui était bien plus à ma portée que des soins assidus ; mais Laure, l'aimable Laure qui ne savait jamais dire non, me refusa tout net cette fois.

Je dois ajouter qu'elle me promit de me rappeler, tous les matins, le renouvellement du papier buvard et de m'aider dans ce petit travail.

Au bout de huit jours, j'étais si bien accoutumé à ces soins quotidiens que j'étais le premier à dire à Laure : « Viens-tu visiter les presses? » et que j'ai conservé l'habitude des travaux à heure fixe, presque sans avoir besoin d'y penser.

J'ai dit que nous avions des presses en bois, serrées avec des courroies ; pour ceux qui ne seraient pas aussi bien équipés que nous l'étions, grâce à la complaisance pleine de gâterie de nos parents, je dirai qu'il suffit d'empiler les feuilles alternativement pleines et vides sur une table ou une tablette, ou bien entre deux planches ou deux cartons forts, et de mettre dessus un objet assez lourd pour que le tout soit soumis à une pression convenable.

Je ne conseillerai pas de mettre les plantes dans un dictionnaire et de s'asseoir dessus comme le font parfois les écoliers et même les écolières, parce que cela détériore le livre et que ce moyen est loin d'être pratique lorsqu'on veut réellement avoir un herbier, d'autant plus, qu'en ce cas la pression ne saurait être progressive.

La question de la dessiccation des plantes étant vidée, nous continuâmes à causer familièrement avec notre vieille amie, les uns lui demandant un éclaircissement, les autres un autre, tous recevant une réponse courte et précise. Marie finit enfin par dire quelque chose qu'elle avait sur le bout de la langue depuis longtemps, depuis deux mois vraiment, puisque c'était deux mois auparavant que nous avions parlé de la famille des Corylacées. Ce mot famille revenant un mois plus tard, à propos du tussilage et des composées, l'avait encore frappée de nouveau le jour même.

— Pourquoi parlait-on de famille à propos de fleurs; qu'est-ce que c'était que la famille d'une fleur?

Vous conviendrez qu'il y avait là de quoi occuper l'esprit d'une fillette qui, voulant expliquer ce mot par le seul sens qu'elle lui connût encore, trouvait très singulier la parenté d'une fleur. Elle nous fit là-dessus une petite dissertation fort drôle, dissertation que Mlle Herbeau lui laissa complaisamment achever avant de s'adresser à nous pour demander à quoi servent les classifications.

— Ce n'est pas de la classification que je parle, se récria Marie, c'est des familles.

Mlle Herbeau l'apaisa et répéta :

— Pourriez-vous, mes enfants, me dire à quoi servent les classifications.

— A s'y reconnaître, fit Louis qui avait le don de la spontanéité.

— A s'y reconnaître, dans quoi? reprit Mlle Cécile.

— Dans les plantes, parbleu! répliqua Louis qu'il ne fut pas possible de faire sortir de là.

Évidemment ce qu'il disait, bien que juste, n'était ni clair ni correctement exprimé; sur l'invitation expresse de notre voisine, je dus renoncer un instant à mes habitudes silencieuses pour donner l'explication demandée.

Les végétaux, dis-je, sont si nombreux, qu'il serait difficile de les étudier si l'on n'avait pu les classer par groupes d'après des caractères qui leur sont communs. Ce sont ces groupes qu'on appelle familles.

Ces caractères sont généralement tirés de la forme de la fleur, du nombre et de la disposition des diverses parties qui la composent.

— Et ces parties diverses sont, interrompit Mlle Herbeau?...

— Les étamines, le pistil, la corolle, le calice.

— Sais-tu, petite Marie, reprit notre voisine, à quoi l'on reconnaît que les plantes sont de la même famille?

— Parce qu'elles se ressemblent, dit l'enfant.

— Oui, mais il faut encore savoir trouver ces ressemblances, et c'est de cela que nous parlerons la prochaine fois au retour de la promenade.

IV

AVRIL

La branche au soleil se dore
Et penche, pour l'abriter,
Ses boutons qui vont éclore,
Sur l oiseau qui va chanter.

Avril, « mois des fleurs et des nids, » comme dit le poète, était revenu, la frondaison nouvelle estompait d'une verdure blonde les contours des arbres que l'hiver avait dépouillés; les oiseaux chantaient, s'appelant, se poursuivant, travaillant avec de petits cris joyeux à la construction des demeures légères qui devaient abriter leur couvée; tout s'éveillait, tout semblait en fête; un fin tapis d'herbes fleuries se déroulait sous nos pieds pendant la promenade que nous avions entreprise à travers les prés et les bois.

Le soleil de mars et le soleil d'avril sont perfides ; aidés des petites brises âpres du printemps, ils sont plus dangereux pour le teint que le soleil même de la canicule ; aussi les jeunes filles avaient-elles quitté les chauds capuchons des jours d'hiver pour les chapeaux de jardin dont les grandes ailes jetaient une ombre douce sur leur visage ; Mlle Herbeau avait arboré une grande ombrelle blanche doublée de soie verte qu'elle suspendait le plus souvent à sa ceinture par un crochet afin d'avoir les mains libres, sans nul souci des rayons déjà chauds du soleil.

— Nous allons joliment rapporter des fleurs, aujourd'hui ! répétait Marie en sautillant et en battant des mains, il n'en manque pas à présent !

— Quelle est cette plante, je vous prie? dit Claire s'adressant à notre conductrice.

— Laquelle, mon enfant?

— Celle-ci, avec ses feuilles composées de trois folioles qui s'étalent le matin, à la fraîcheur, ainsi que je l'ai vu plus d'une fois, et qui maintenant, sous le soleil de midi, se renversent en se repliant les unes contre les autres.

— C'est l'*oxalis acetosella.*

— Oxalis, le joli nom ! fit Laure.

— Pour un nom scientifique surtout, repartit, en riant, Mlle Herbeau.

Ne lui demandez aucune guérison, sous sa forme naturelle, bien qu'elle puisse être utile, car elle est légèrement laxative. On la prépare comme l'oseille, qu'elle remplace avec avantage.

Regardez comme sa fleur blanche est gentille! Camille, vous qui êtes un savant en comparaison de nous...

— J'interrompis la phrase par un oh! modeste et, je dois le dire, sincère, car je n'avais pas la prétention de comparer le peu que je savais alors, à l'instruction aussi solide que variée de la vieille demoiselle.

— Oui, oui, soyez modeste, Pétrarque, c'est bien à tout âge, et surtout au vôtre, mais je sais ce que je dois penser, et je poursuis : indiquez-nous les caractères botaniques de l'oxalis.

(a) Fleur coupée verticalement pour en montrer les diverses parties : deux sépales, deux pétales, quatre étamines, deux pistils.

— Il ne faut pas être si savant pour cela, fit Louis, il suffit d'avoir des yeux, une loupe, des presselles et de ne pas déchirer la fleur en isolant ses parties.

— Si bien qu'il suffit d'être adroit pour savoir reconnaître et pour indiquer aux autres les caractères botaniques d'une plante?

Voulez-vous être assez bon pour prouver votre dire en nous analysant cette fleur?

Voici le temps venu pour toi, petite Marie, de te rendre compte de la structure des fleurs; écoute et regarde bien ce que Louis va te dire et te faire voir.

Nous nous assîmes au revers de la route, et Louis commença, s'adressant à Marie :

— Tu vois, ça qui est vert, c'est le calice. Ça qui est blanc, c'est la corolle, et puis ça qui ressemble à un petit fil avec une petite boule au bout, ce sont les étamines, et puis ça qui est au milieu, c'est le pistil. Tu vois comme il est gros par en bas ; c'est ça qui deviendra le fruit (*a*).

— Voilà de la vulgarisation, ou je ne m'y connais pas ! s'écria en riant Mlle Herbeau ; c'est un heureux mélange de notions scientifiques et de langage familier qui me charmerait tout à fait si c'était plus complet et plus précis.

Revenons, si vous le voulez bien, Louis : « ça qui est vert, » comme vous dites...

— C'était pour mieux lui faire comprendre, que j'ai dit comme ça à Marie, interrompit Louis, un peu blessé.

(*b*) Calice monosépale à cinq dents.

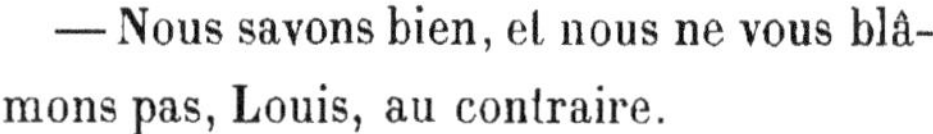

— Nous savons bien, et nous ne vous blâmons pas, Louis, au contraire.

— Dans la fleur que vous tenez, le calice est formé de plusieurs pièces, n'est-ce pas?

— De cinq.

— Comment nommez-vous ces pièces?

— Les sépales.

— Très bien. Y en a-t-il toujours plusieurs?

— Il peut n'y en avoir qu'une ; on dit alors que le calice est monosépale. Ce calice se divise à son sommet en dents plus ou moins nombreuses, aiguës et profondes (*b*).

— La corolle est aussi composée de plusieurs pièces ; les appelle-t-on encore sépales?

— Non, ce sont les pétales. La corolle peut être monopétale (*c*), ou, comme celle-ci, polypétale, c'est-à-dire à plusieurs pétales.

— Continuez, Louis, et dites-nous sous quels noms on désigne les différentes parties des étamines et du pistil.

— On distingue dans les étamines le filet et l'anthère (*d*); le filet peut manquer, mais l'anthère existe toujours, car c'est la partie importante de l'étamine.

Dans le pistil on distingue l'ovaire, le style et le stigmate.

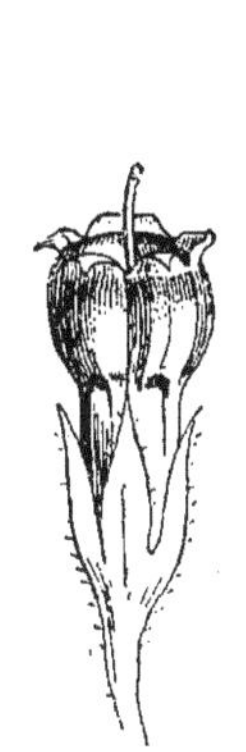

(*c*) Fleur monopétale de la consoude officinale.

(*d*) Étamine montrant le filet et l'anthère, d'où s'échappe le pollen.

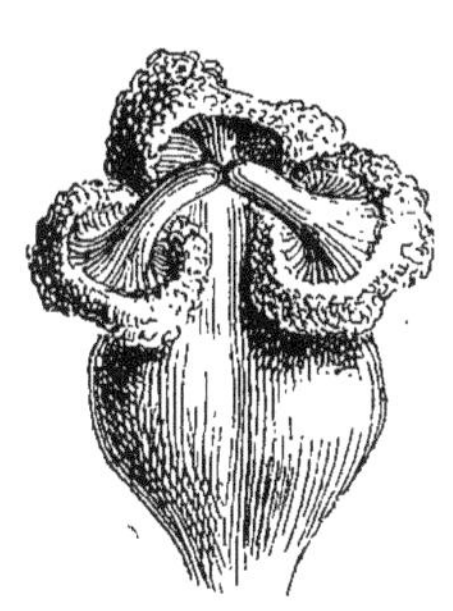

(*e*) Ovaire d'une rhubarbe surmonté de trois stigmates sessiles.

Le style peut être absent, et le stigmate est alors porté directement par l'ovaire; on dit qu'il est sessile (*e*).

— Tout cela est fort bien. Pourquoi dites-vous que l'anthère est la partie importante, vous auriez même pu dire la partie constituante de l'étamine?

— Parce qu'elle renferme le pollen.

— Allons, ne vous arrêtez pas, dites tout ce que vous savez, sans vous faire poser question sur question. Si vous conservez cette mauvaise habitude, elle vous nuira dans vos examens. Il faut vous habituer à parler, mon cher enfant.

Mais vous avez été assez longtemps sur la sellette, et vous ne seriez pas fâché que quelqu'un vous y remplaçât, n'est-il pas vrai?

Louis fit un signe affirmatif.

— Eh bien! je vous remplace.

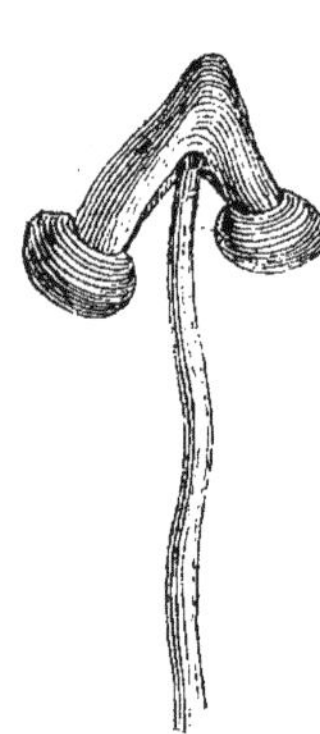

(*f*) Étamine portant un grand connectif en accent circonflexe aux extrémités duquel se trouvent les anthères.

La vie végétale comprend deux fonctions : la fonction de nutrition, à l'accomplissement de laquelle participent, comme nous l'avons vu, la racine, la tige, les feuilles; et la fonction de reproduction, dont la fleur est l'organe.

Mais, dans la fleur, le calice et la corolle ne jouent d'autre rôle que celui d'enveloppes protectrices; les organes importants sont les étamines et l'ovaire.

Le filet sert de support aux anthères, sortes de petits sacs membraneux qui peuvent présenter une ou plusieurs loges; dans le premier cas, l'anthère s'attache directement sur le filet (*d*), dans le second, elle y est unie par un corps spécial appelé *connectif*, réduit parfois à une petite ligne qui tranche par sa pâleur sur le jaune vif de l'anthère, et parfois développé suivant les formes les plus bizarres, celle d'un fléau de balance, celle d'un accent circonflexe (*f*), etc...

Quand on respire l'odeur d'un lis, on se met généralement au bout du nez une poussière jaune très fine, c'est le pollen que renferment les anthères. Les grains de pollen offrent des formes très diverses, le plus souvent ils sont arrondis ou en forme d'œuf allongé (*g h i*). Quelquefois, au lieu d'être libres, les grains de pollen sont réunis en une masse qui ressemble

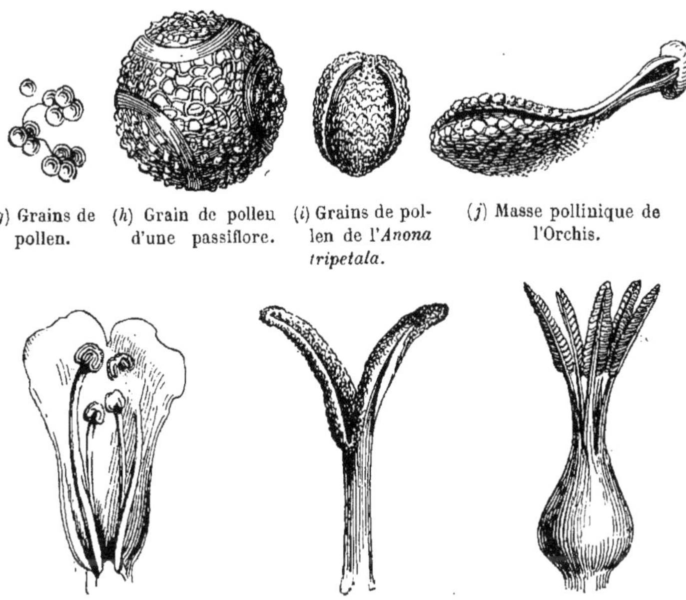

(*g*) Grains de pollen. (*h*) Grain de pollen d'une passiflore. (*i*) Grains de pollen de l'*Anona tripetala*. (*j*) Masse pollinique de l'Orchis.

(*k*) Étamines soudées à la corolle. (*l*) Style et stigmate d'une Composée de la tribu des seneçons. (*m*) Stigmates plumeux (1).

à de la cire, ainsi que vous pourrez le voir si vous avez occasion d'étudier des orchis (*j*).

Pour en finir avec les étamines, j'ajouterai qu'elles peuvent être soudées à la corolle (*k*), ou soudées entre elles soit par le

(1) Ces figures, comme toutes celles qui se rapportent à l'anatomie des plantes, sont, il va sans dire, considérablement grossies.

filet, soit beaucoup plus rarement, par les anthères, et qu'elles ne sont pas toujours toutes de la même longueur dans une même fleur (*k*).

Louis aurait dû nous faire remarquer que dans l'oxalis, l'ovaire unique porte cinq styles terminés chacun par un *stigmate bifide*. Cela nous indique que l'ovaire est creusé de cinq loges. Le style a le plus souvent la forme d'un filet; mais le stigmate revêt des apparences très variées. Il peut être arrondi, aplati, fendu en deux lames (*l*) comme dans certaines composées, en capuchon comme dans quelques rhubarbes (*e*), plumeux comme chez les graminées et diverses autres plantes (*m*).

Dès que la fleur est complètement épanouie, le pollen va se déposer sur les stigmates pour féconder l'ovaire dans lequel sont renfermés de petits corpuscules, embryons des graines.

Lorsque les anthères ont, en s'ouvrant, laissé échapper le pollen, la fleur se flétrit et le fruit commence à se former.

Ce fruit mûrit peu à peu par l'action de la chaleur solaire, et lorsqu'il est mûr, il tombe ou bien il s'ouvre et laisse échapper la graine qui germe et donne naissance à une plante nouvelle.

Certaines graines garnies de filets soyeux, comme celles du pissenlit, du chardon, peuvent être emportées par le vent à de grandes distances.

Revenons à nos moutons, c'est-à-dire à l'oxalis acétoselle; voudriez-vous, Pétrarque, analyser sa fleur?

— Volontiers, dis-je, la fleur est *bichlamydée*, c'est-à-dire à deux enveloppes.

D'abord, les sépales au nombre de cinq qui forment le

calice, puis les pétales également au nombre de cinq, qui forment la corolle.

Les pétales sont égaux, onguiculés, c'est-à-dire munis d'un onglet; ils s'insèrent au-dessus de l'ovaire; les étamines, au nombre de dix, sont opposées aux pétales; l'ovaire, divisé en cinq cellules, porte cinq styles filiformes surmontés de stigmates bifides, autrement dit, fendus jusqu'au milieu de leur longueur.

— Bon Dieu! que nous sommes savants! s'écria Mlle Herbeau; arrêtons-nous un peu et appelons cette bonne femme qui passe là-bas, pour lui demander le nom vulgaire de l'oxalis acétoselle.

— Comment appelez-vous ça, la mère? demandai-je.

— Ici on appelle ça du *pain-de-coucou*.

— Du pain-de-coucou! Pourquoi?

La bonne femme n'en savait rien, naturellement. Elle avait toujours entendu dire ce nom-là, il y a tant de noms qu'on donne comme ça, et si des jeunes messieurs et des jeunes demoiselles qui en savaient bien plus long qu'elle ne le savaient pas, comment pourrait-elle le savoir?

Pendant que nous cherchions d'où pouvait venir cette appellation, la réponse à nos pourquoi nous fut donnée par un petit chant ou plutôt un petit cri très doux mais très sonore, sur deux notes à la tierce *la, la, fa! la, la, fa!*

— Entendez-vous? dit Mlle Cécile, voici le coucou qui nous répond; il serait plus exact de dire *la* coucou, car ce cri est celui de la femelle qui le pousse pour avertir le mâle de sa présence.

C'est tout simple : on donne à l'oxalis le nom de pain-de-coucou, parce qu'elle fleurit à l'époque de l'arrivée du coucou, de même qu'on appelle la fleur d'orme : *pain-de-hanneton*, parce qu'elle se montre en même temps que l'insecte.

Je me souviens maintenant que cette plante porte aussi le nom de *surelle* à cause de la saveur acide de ses feuilles, et celui d'*alléluia*, parce qu'elle fleurit, en général, aux environs de Pâques.

C'est elle qui fournit la majeure partie de l'acide oxalique du commerce.

La médecine administre cet acide comme tempérant et rafraîchissant, sous forme de limonade et de pastilles.

Les teinturiers et les fabricants de chapeaux de paille l'emploient comme décolorant. En solution assez concentrée, il devient l'*encrivore* avec lequel on enlève les taches d'encre; en solution largement étendue d'eau, c'est l'*eau de cuivre*, dont les ménagères se servent pour rendre l'éclat à la batterie de cuisine ternie, et combiné avec la potasse, il donne le *sel d'oseille*, dont vous connaissez les usages.

Voyez comme cette petite plante modeste, qui croît en abondance dans les bois un peu humides, sait se rendre utile.

Vous pouvez en prendre quelques pieds pour les planter dans le jardin, ils s'y acclimateront facilement.

Nous en prîmes et c'est de cette époque que data la fondation du potager de Claire et du parterre de Laure, ainsi qu'on appela deux petits enclos abandonnés par ma mère, aux fantaisies de culture de ces demoiselles. Dieu sait tout ce qu'elles tentè-

rent d'acclimater, de greffer, de bouturer, et les résultats admirables qu'elles obtinrent !

Nous nous étions remis en route, on ne voyait plus de surelle, mais une autre fleurette élégante, blanche à l'intérieur, légèrement lavée de rose violacé à l'extérieur.

— Quelle est cette jolie fleur ? demandâmes-nous.

— C'est *la sylvie, l'anémone sylvestre, anemone sylvestris.*

Si vous aviez des feux au visage, de ces légères efflorescences qu'amène parfois l'air piquant du printemps, vous pourriez prendre des fleurs de sylvie et les écraser pour en former une sorte de cataplasme que vous appliqueriez sur vos joues. En quelques jours, la sylvie vous aurait rendu un teint blanc et rosé pareil au sien.

— Des campagnardes comme nous, fit Claire, ne prennent pas tant de soin de leur teint.

— Auquel le grand air ne nuit pas, dis-je, en regardant Laure, toute rose sous son grand chapeau. — Remarque obligeante dont Claire me paya par un salut ironique accompagné d'un grand éclat de rire, et Mlle Herbeau par une petite révérence et cette exclamation :

— Serait-ce l'aspect riant des bois qui rend Pétrarque si aimable ou l'aimable sylvie ?

Pour celle-ci, méfiez-vous de son air candide ; elle est de la famille des *Renonculacées*, toutes plus ou moins empoisonnées. Mais elle est d'une rare élégance avec ses feuilles finement découpées, sa hampe élancée, sa fleur solitaire qui se penche. Elle n'a pas de corolle, mais bien un calice coloré composé de cinq sépales. Ses étamines sont nombreuses et mal définies ;

son fruit, comme vous pouvez le voir, puisqu'en voici déjà quelques-unes de défleuries, est composé de plusieurs akènes suspendus; vous savez, n'est-ce pas, qu'un akène est un fruit sec, à une seule graine et qui ne s'ouvre pas à la maturité, ou comme on dit en langage technique : un *fruit indéhiscent*.

— Venez, venez, nous cria Marie à cet instant, il y a de la violette ici, il y en a beaucoup.

Claire et Laure s'envolèrent vers l'endroit où s'était arrêtée la fillette, et nous les suivîmes d'assez près, quoiqu'à une allure plus modérée.

Viola canina (Violette).

— Si vous ne voulez qu'un bouquet, leur dit notre vieille amie un peu essoufflée, en les rejoignant, vous pouvez cueillir ces *violettes*.

Si vous leur demandez autre chose que leurs jolies fleurs d'un violet clair, laissez-les où elles sont. Elles n'ont pas de parfum et ne sauraient servir ni à préparer une infusion pectorale ni à fabriquer un sirop salutaire dans les rhumes et le catarrhe des bronches. La violette que vous avez là est la *violette de chien*, *viola canina*, tandis que celle que vous cherchez est la *violette odorante*, *viola odorata*.

La feuille de cette dernière est moins lisse et s'arrondit au lieu de se terminer en pointe. Sa fleur, un peu plus petite et d'une nuance plus intense, dégage un suave parfum, mais il lui faut du soleil; les forêts ombreuses ne lui conviennent pas.

Elle se plaît à la lisière des bois, dans le voisinage des prairies; nous la rencontrerons sans doute tout à l'heure.

En attendant, il faudra nous contenter de l'odeur du muguet.

— Nous aurons un beau bouquet pour maman aujourd'hui, fit joyeusement Marie qui avait déjà dans son panier un gros bouquet de sylvies et de violettes. Ça ne sert pas à autre chose qu'à faire des bouquets, le muguet, n'est-ce pas, Mademoiselle ?

Convallaria maialis (Muguet).

— Détrompe-toi, petite Marie, le *muguet* peut servir de médicament, tout comme un autre et même plus que d'autres.

Puis, se tournant vers nous et avec une hésitation nuancée de pruderie :

Le muguet, *convallaria maialis*, jouit de propriétés, comment dirai-je? de propriétés drastiques. Oui, c'est bien cela, mais ce n'est peut-être pas clair pour tout le monde.

Ce n'était clair pour personne, nous en fîmes ingénument l'aveu.

— Le muguet est... est purgatif, nous y voilà !

— Il n'en est pas moins élégant, dit Claire, avec sa petit grappe de clochettes d'ivoire mat, s'élançant à côté de ses feuilles d'un vert éclatant et tendre à la fois.

— Oh ! la poétique fille ! qui babille si bien pendant la leçon, s'écria la vieille demoiselle, parodiant des vers bien connus.

— A l'amende, Claire! pour ce débordement de poésie; vite, dites-nous ce que c'est que le muguet.

— C'est une *asparaginée*, à calice coloré, urcéolé, à six dents, avec six étamines. L'ovaire présente trois loges contenant chacune deux ovules; le style est simple et le stigmate trilobé.

— Connaissez-vous le fruit du muguet?

— Non, Mademoiselle.

— C'est un petit fruit rond, charnu, en forme de baie, bacciforme, comme on dit, qui rougit en mûrissant.

Maintenant, voyez que tous ces pieds de muguet composés de deux feuilles et d'une grappe de fleurs, sont réunis par une sorte de tige souterraine rampante : sauriez-vous me dire le nom de ces espèces de tiges?

Nous ne le pouvions pas; Mlle Herbeau fut obligée de nous apprendre que c'était là ce qu'on nomme un *rhizome*, et que toutes les asparaginées sont munies d'un rhizome traçant.

— On peut acclimater le muguet dans les jardins, poursuivit-elle, mais il n'y fleurit que très irrégulièrement, il prend beaucoup de place, veut un peu d'ombre, une terre riche, et demande beaucoup d'eau. En un mot, il est très exigeant et récompense mal des soins qu'on a pour lui : aussi le laisse-t-on aux bois.

— Est-il vraiment si désagréable quand on le transplante? fit Laure en riant; il faut que je m'en assure, je vais en emporter quelques pieds en boutons seulement.

Elle les emporta, les planta dans son parterre dont ils envahirent peu à peu toute une plate-bande et où ils lui donnèrent en effet, en échange de beaucoup de soins, très peu de fleurs, dont elle leur sut un gré infini, ainsi qu'il arrive souvent dans la vie avec ces égoïstes qui se laissent choyer, servir, caresser, sans daigner s'en apercevoir, et qu'on remercie encore d'avoir bien voulu accepter qu'on se sacrifiât pour eux.

Dans les prés, s'élançaient avec un éclat de fanfare, les ombelles jaune d'or de la *Primevère*, *primula officinalis*.

Nous en cueillîmes beaucoup pour faire des balles pour les enfants; des paumes, comme disaient les petits paysans. Mlle Herbeau en prit un assez gros bouquet pour une jeune fille qui désirait atténuer les taches de rousseur dont son visage était marqué. Je ne sais si ce furent les primevères ou si ce fut la réclusion à laquelle elle se condamna pendant quelque temps; toujours est-il que lorsque nous revîmes cette jeune fille, ses taches de rousseur avaient un peu pâli.

Primula officinalis (Primevère).

Ma mère diminua la part des amateurs de paumes, en s'emparant d'une partie de notre récolte qu'elle mit infuser dans du vin blanc pour préparer la liqueur tonique connue sous le nom de vin de primevères.

De toutes les *primulacées*, la seule qui soit utile est celle dont je viens de parler, la primevère officinale, vulgairement *coucou*.

Nous n'aurions certainement pas remarqué une petite *om-*

bellifère à fleurs blanches, à feuilles sombres et lustrées qui se mêlait dans l'herbe, aux touffes de coucou, si Mlle Herbeau n'eût appelé notre attention sur cette plante en nous disant que c'était la *Sanicle d'Europe*, *Sanicula*, une plante officinale, vulnéraire et astringente.

— Si nous descendions jusqu'au bord de l'eau, nous dit-elle encore, nous trouverions sans doute la *dorine*, réputée autrefois comme tonique, mais dont on ne fait plus usage aujourd'hui, sauf dans la région vosgienne, où les paysans se l'administrent, non comme médicament, mais comme aliment, sous forme de salade.

Nous marchions dans l'herbe des prés, d'où s'élevait un parfum pénétrant.

— Comme cela sent bon! disions-nous.

— Eh oui! L'iris et le lilas embaument nos jardins, le muguet parfume les bois, les prés n'ont pas voulu être en retard, ils ont eux, aussi, leur fleur odorante, nous dit notre conductrice. Cette fleur c'est la *flouve*, une graminée dont le parfum est dû à la présence de l'acide benzoïque.

Vous comprenez de reste, maintenant, pourquoi la flouve sent le benjoin et pourquoi le foin est si parfumé.

— Est-ce qu'il y a aussi de l'acide... comme vous venez de dire, dans le foin? demanda Marie.

— Qu'est-ce que le foin, suivant toi?

— C'est de l'herbe qu'on coupe et qu'on fait sécher.

— Oui, et comme c'est toute l'herbe du pré, il y a dans cette herbe, des plantes de plusieurs espèces, entre autres la flouve, et c'est elle qui parfume le foin.

— Ah! oui, fit Marie, je comprends.

— J'en suis bien aise.

Quittons les prés, maintenant, pour les champs; il faut aller voir si nous ne rencontrerons pas la plante délicate qu'on nomme *fumeterre*, *fumaria officinalis*.

Cette plante appartient à une famille très voisine de celle des papavéracées : la famille des *fumariacées*, dont les individus se rapprochent de ceux de la précédente famille par leur deux sépales caducs et s'en éloignent par leurs quatre pétales irréguliers, dont le supérieur se termine en éperon ou en sac, ainsi que par leur six étamines soudées par les filets, et disposées en deux faisceaux placés devant les pétales extérieurs.

Les fumariacées sont sans odeur, elles ont une saveur légèrement amère, et, quand on les coupe, elles laissent écouler un suc aqueux.

La fumeterre officinale est fort jolie avec ses feuilles découpées, ses grappes de fleurs roses marquées de brun au sommet. Elle jouit de propriétés dépuratives et diaphorétiques.

Diaphorétique était un bien grand mot qui nous rappela l'illustre Diafoirus, et nous aurions peut-être ri, ce qui eût été aussi déplacé que peu spirituel, si la vieille demoiselle n'eût continué :

— N'allez pas confondre, je vous prie, diaphorétique avec sudorifique, car la diaphorèse est également éloignée de la transpiration et de la sueur, bien qu'elle ne diffère pas essentiellement de l'une ou de l'autre, pouvant être considérée soit comme une transpiration abondante, soit comme une sueur légère.

Vous voyez qu'il ne faut pas confondre les sudorifiques avec les diaphorétiques.

J'ai bien envie de vous laisser réfléchir sur la différence profonde qui existe entre ces deux genres d'agents thérapeutiques et de vous donner rendez-vous pour le mois prochain. Vous êtes assez près de chez vous pour que je puisse vous abandonner sans crainte à la garde de Camille.

— Sans nous avoir montré la fumeterre, nous écriâmes-nous, non pas tant, je dois l'avouer, pour connaître cette plante que pour garder plus longtemps avec nous notre compagne.

— Oh que non pas! car la voici.

Il y en avait en effet quelques-unes entre les mottes de terre; nous les prîmes pour nos herbiers, et comme nous étions en vue de l'usine, nous n'avions plus de prétexte pour retenir la vieille demoiselle, qui nous serra la main et nous quitta.

Nous avions été assez longtemps dehors; ma mère regardait sur la route si nous n'apparaissions pas au loin, quand nous rentrâmes par le jardin, chacun un bouquet à la main, et Marie rapportant son panier plein d'oseille des bois, comme elle avait jugé à propos de qualifier l'oxalis.

Elle expliqua à ma mère qu'on pouvait en planter dans le jardin et que cela pousserait, Mlle Herbeau l'avait dit, et qu'on pouvait faire toute sorte de choses avec.

— Y compris de la soupe, dit mon père qui sortait de son bureau.

— Surtout de la soupe, répondit ma mère en riant, puisqu'il paraît que c'est de l'oseille. Allons dîner.

V

MAI

Adieu, doux avril verdoyant,
Chatoyant!
Mai te chasse;
Il vient les mains pleines de fleurs.

— Et c'est aussi comme cela que nous reviendrons tantôt. Nous pourrons chanter, en rentrant, le refrain de cette vieille romance de mon jeune temps :

Je viens à vous, les mains pleines de roses.

— Vous nous la chanterez un de ces jours, n'est-ce pas? interrompirent Claire et Laure, embrassant Mlle Herbeau chacune sur une joue pendant qu'elle se tenait debout à l'entrée du vestibule, nous invitant au départ.

La vieille demoiselle avait encore un petit filet de voix d'après lequel on pouvait juger qu'elle avait dû très bien chanter dans sa jeunesse, et c'était un des grands plaisirs de nos sœurs, pendant les longues soirées d'hiver, de faire gazouiller à l'aimable femme les simples romances du temps passé. Laure avait une manière naïve et tendre de les accompagner qui leur donnait un charme particulier, très doux, très pénétrant.

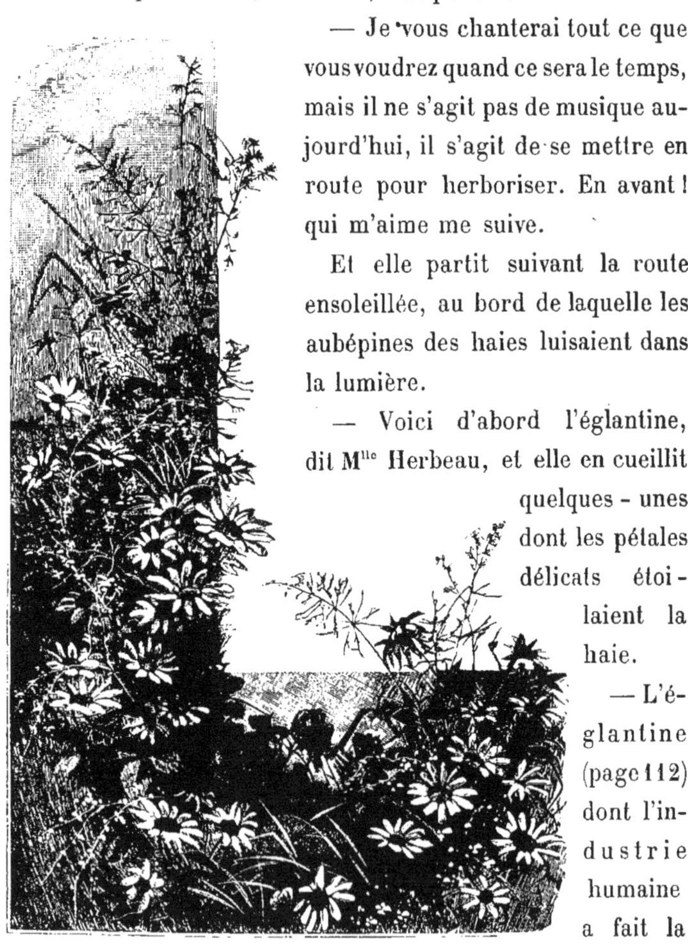

— Je vous chanterai tout ce que vous voudrez quand ce sera le temps, mais il ne s'agit pas de musique aujourd'hui, il s'agit de se mettre en route pour herboriser. En avant ! qui m'aime me suive.

Et elle partit suivant la route ensoleillée, au bord de laquelle les aubépines des haies luisaient dans la lumière.

— Voici d'abord l'églantine, dit Mlle Herbeau, et elle en cueillit quelques-unes dont les pétales délicats étoilaient la haie.

— L'églantine (page 112) dont l'industrie humaine a fait la

rose, prouvant ainsi que l'art peut quelquefois modifier heureusement la nature, car si l'églantine est pleine de grâce, il faut avouer qu'elle est loin de pouvoir rivaliser, soit comme éclat, soit comme parfum, avec sa sœur civilisée.

Dans la même famille, celle des *Rosacées*, nous allons trouver la *ronce*, *rubus saxatilis*.

— Nous connaissons tous ses feuilles trifoliées, ses fleurs blanches disposées en corymbe terminal, ses fruits doux qui rappellent les mûres.

— Et ses épines, s'écria Marie, se frottant les mains comme si elle y eut encore senti les piqûres dont elle avait gardé le souvenir.

— Et ses épines, d'autant plus propres à bien accrocher qui s'y frotte, que leur pointe se renverse en arrière.

Mais, au rebours de certaines fleurs perfides qui cachent sous un joli aspect leurs propriétés vénéneuses, la ronce dissimule ses qualités sous une apparence rébarbative.

— Un bourru bienfaisant, fit Claire.

— Tout juste, chère fille.

L'infusion de feuilles de ronce est, comme le sirop de mûres, employée pour guérir les maux de gorge, et vraiment! c'est une plante qui vient à son heure, quand le soleil, déjà chaud comme en été, et le vent un peu aigre du printemps, réunissent leur action pour faire naître des angines plus ou moins malignes.

Si la maladie est grave, la ronce ne suffit pas pour en venir à bout, mais elle peut encore fournir un de ces remèdes « expectants » dont la plus grande vertu est de calmer l'impatience du malade, ce qui est bien quelque chose, car les malades sont, en général, impatients.

Dans les prés, nous trouverons une borraginée : la *consoude*, *symphitum*, qui élève au milieu des hautes herbes ses longues grappes de fleurs roses ou blanches. Nous attendrons, pour parler en détail des Borraginées, la floraison de la bourrache à laquelle elles doivent leur nom; nous dirons seulement quelques mots de la consoude. Ce qui en est utile, c'est la racine, mucilagineuse, astringente, et souveraine, dit-on, dans les affections catarrhales.

Une autre borraginée, fleurie aussi en ce mois, fournit à la teinture une couleur rouge, due à un principe particulier très voisin des résines.

Cette plante, appelée *orcanète*, *onosma*, croît en abondance dans les lieux chauds et sablonneux.

C'est encore en cette saison que fleurit le *crocus sativus* dont les stigmates desséchés constituent le *safran* utilisé par la médecine, l'art de la teinture et l'art culinaire, autrement dit : la cuisine.

Le safran n'habite pas nos climats, aussi nous bornerons-nous à le citer, en passant.

Le crocus appartient, comme vous savez, à la famille des *Iridées*. C'est aussi de cette famille qu'est le *faux acore* dont les fleurs jaunes animent en ce moment la verdure dont les étangs sont couverts.

— Voulez-vous parler de l'*iris des marais ?* demandèrent en même temps Claire et Laure.

— Oui, de l'iris des marais ou du *glaïeul des marais*, comme il vous plaira de l'appeler, de l'*iris pseudo-acorus*, ainsi que l'appellent les botanistes.

Sa racine fournit aux paysans un remède contre l'hydropisie, un de ces remèdes qui ne guérissent personne, mais que les bonnes femmes préconisent et qui, s'ils ne font pas de bien, peuvent toujours faire du mal.

— Vous voulez dire que s'ils ne font pas de bien, ils ne font pas de mal? interrompis-je.

— Non, non, Pétrarque, je sais ce que je dis et la langue ne m'a pas fourché, ces prétendus remèdes sont parfois dangereux et c'est le cas du faux acore dont la racine est vénéneuse.

Je m'inclinai d'un air contrit devant la vieille demoiselle, comme si je m'étais excusé d'avoir cru la prendre en défaut.

L'*acore vrai*, poursuivit-elle, sans paraître prendre garde

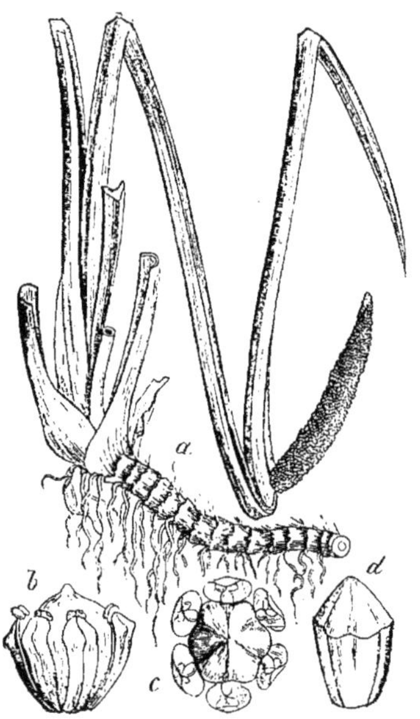

Iris acorus (Acore vrai).

a, tige herbacée à rhizome rameux ; *b*, ovaire avec ses étamines ; *c*, le même vu de face et plus avancé ; *d*, fruit capsulaire.

à mes excuses muettes, n'est pas de nos climats ; il croît, en général, dans les pays intertropicaux, bien qu'on en connaisse quelques espèces dans le nord de l'Amérique, et une en Laponie.

On en a acclimaté deux dans quelques mares de la forêt de Marly : l'*acore-roseau* et le *calla des marais*. De Jussieu les classait dans la famille des *Aroïdées* dont Lyndley, botaniste anglais, les a séparés pour former une famille à part, à laquelle il a donné le nom d'*Orontiacées*.

— En vérité, les teinturiers sont bien partagés par le joli mois de mai! Voici encore une plante tinctoriale : le *pastel*, *Isatis*.

On le cultive dans certaines localités du centre et du midi de la France ; il fournit une belle couleur bleue.

Sa fleur jaune d'or, en forme de croix, vous dit son nom de famille.

— Crucifère! s'écria Marie, toute fière d'avoir retenu un si grand mot; et sa bonne réponse lui fut payée d'une caresse.

— Passons, passons vite, dit ensuite Mlle Herbeau, entrons dans le bois, nous avons quelques simples à y récolter, outre la feuille de ronce dont nous parlions tout à l'heure.

Jetez pourtant un coup d'œil, en passant, sur cette plante herbacée singulière dont chaque tige porte quatre feuilles seulement, disposées en croix et surmontées d'un pédoncule grêle portant une autre croix verte plus petite qui est la fleur. C'est la *parisette*, raisin de renard, *paris quadrifolia* des botanistes, que les Anglais appellent *true-love* et les Suédois *troll bär*, fruit des sorcières, je ne sais pourquoi.

A l'automne, une petite baie rouge remplacera la fleur. La parisette est vénéneuse; après l'avoir regardée, sans la toucher, laissez-la où elle est. ce n'est du reste pas elle que nous sommes venus chercher,

Pendant que l'active vieille dame faisait une récolte absolument exagérée, suivant nous, de feuilles de ronce qu'elle attachait par petits paquets d'un nombre donné, avec des ficelles dont elle avait une provision dans sa poche, nous nous demandions d'où venait la douce odeur analogue à celle de la flouve qui flottait sous bois, parfumant les taillis.

Les jeunes filles trouvèrent les premières, et ne furent pas longues à faire un bouquet de jolies fleurettes blanc rosé, disposées en corymbe, auxquelles les feuilles de la même plante, découpées et pennées en apparence, faisaient une collerette d'un vert gai.

Laure, séduite par l'élégance de cette plante, m'avait demandé de lui en déterrer un ou deux pieds afin de les acclimater dans son parterre.

— Ah! vous prenez des *Valérianes?* dit notre amie qui avait dépouillé les ronces autour d'elle ; c'est bien. Vous saviez donc que c'est la racine de valériane qui est utile?

Nous avouâmes que notre but avait été notre seul agrément, et j'allais abandonner mon travail d'arrachage pour le reprendre plus loin, lorsque Mlle Herbeau me demanda pourquoi je me disposais à laisser mon œuvre inachevée.

— C'est l'odeur qui se dégage de la terre qui vous arrête, n'est-ce pas? poursuivit-elle. Aucun chat n'est venu par ici; soyez sans crainte. C'est la racine qui sent ainsi.

Il est bien vrai de dire que « des goûts et des couleurs il ne faut disputer », car la racine de valériane, dont l'odeur est pour vous si répugnante, est considérée par les Indiens comme un parfum exquis pour les bains, et cette odeur paraît si délicieuse aux chats, qu'elle les jette dans une sorte d'ivresse. Arrachez, Pétrarque, arrachez; cette racine est utile; on l'emploie en infusion comme antispasmodique. Toutefois, cette manière de l'administrer tend à disparaître, depuis que les chimistes tirent de la valériane l'acide *valérique* ou *valérianique*,

Valeriana dioica (Valériane dioïque) et *Valeriana officinalis* (Valériane officinale).

a, feuilles radicales entières ; *b*, fleur de la V. dioïque n'ayant qu'un pistil ; *c*, son calice plumeux au moment de la maturité ; *d*, fleurs réunies en corymbe ; *e*, tige à feuilles opposées pinnatifides ; *f*, fleurs de la V. officinale portant trois étamines et un pistil ; *g*, son calice plumeux pendant la floraison.

à l'aide duquel on forme différents sels, entre autres le *valérianate de fer ;* de sorte qu'on peut doser exactement la quantité de principe actif absorbée par le malade.

Pour les gens de la campagne, l'important est plutôt l'économie d'argent que l'exactitude de la dose du médicament, et la racine de valériane est plus recherchée ici que les valérianates, fussent-ils préparés par le plus habile d'entre les chimistes. C'est pour cela que je vous prie de m'en faire une petite botte.

Genista (Genêt).

Nous qui n'avons pas, comme Louis et vous, de canne de botaniste, nous allons cueillir du genêt.

— Vois, petite Marie, si ces jolies fleurs jaunes n'ont pas l'air d'autant de petits papillons dorés posés le long de la tige.

— C'est vrai, dit Marie ; on dirait tout à fait des papillons qui se reposent.

— C'est pour cela, fillette, que la famille du *genêt* s'appelle famille des *Papilionacées*. Des auteurs modernes l'appellent plus volontiers famille des *Légumineuses*. Elle est très nombreuse et renferme un grand nombre de plantes utiles, soit pour notre alimentation, soit pour celle des bestiaux : tels sont le haricot, le pois, la lentille, le trèfle, la luzerne. Quant au genêt, *genista*, ici présent, ses sommités fleuries employées en décoction sont assez fortement purgatives.

Quand nous sortîmes du bois, nous étions si chargés, que

Melilotus (Mélilot).

a, tige avec ses grappes de fleurs : *b*, fleur papilionacée ; *c*, calice, étamines soudées de la même fleur et pistil ; *d*, faisceau ouvert ; *e*, pistil et ovaire ; *f*, fruit ; *g*, graine.

Claire ne put s'empêcher de rire en disant que nous avions bien plutôt l'air d'herboristes faisant des provisions à bon compte, que de botanistes amateurs.

— C'est un peu vrai, répondit Mlle Herbeau, plus chargée que pas un de nous, et nous n'avons pas fini, car nous allons trouver sur notre route un endroit couvert de *mélilot*, *melilotus*. Il me faudra un gros paquet de cette papilionacée dont les longues grappes de fleurs tantôt jaunes, tantôt blanches, dégagent une si suave odeur. Je suis une sybarite à qui il faut du linge parfumé, le mélilot est un de mes parfums.

— Luxe et économie, murmurai-je.

— En effet, Camille, et confort aussi, car si les essences des parfumeurs exercent une action nuisible sur le système nerveux, il n'en est pas de même des aromates fournis par la nature, leur action est au contraire fortifiante.

Le mélilot est d'un usage plus utile encore que de parfumer les armoires d'une vieille maniaque comme moi : les lotions d'eau de mélilot sont très salutaires dans les affections des paupières.

— Devinez vers quel lieu mystérieux nous dirigeons nos pas, maintenant, s'écria tout à coup la bonne demoiselle, après un assez long temps de silence.

— Qui peut savoir avec vous? fit Laure ; vous vous entendez si bien à ménager les surprises.

— Vous ne devinez pas, bien sûr?

Signes de dénégation sur toute la ligne, accompagnés de regards pleins de curiosité.

— Nous allons... dans la réserve à M. le maire !

— Gare le procès-verbal! s'écria Louis.

— Le père Jacoliaux n'est pas coulant, sur l'article des contraventions, ajoutai-je.

— Je sais le moyen d'apaiser le père Jacoliaux : s'il se présente à nous, comme un garde-champêtre irrité, je lui dirai :

Père Jacoliaux, nous sommes ici en vertu d'une permission spéciale de l'autorité ; il ne pourra résister à cela. Du reste, il était là hier, lorsque le maire m'a autorisée à pénétrer « avec ma compagnie » dans sa réserve.

Le bouquet de bois dont il était question apparaissait à nos yeux, verte oasis dans la plaine baignée de soleil, et nous hâtions le pas pour aller nous reposer un instant dans son ombre fraîche.

— Si vous aviez a vos ordres un génie comme celui de la lampe d'Aladin, que lui demanderiez-vous? interrogea Mlle Cécile.

— Quelque chose à manger, fit Louis.

— Une bonne tasse de lait, dit Claire, car j'ai bien soif.

— Ah! ah! si j'essayais d'une conjuration magique afin de vous procurer l'objet de votre désir, hein, qu'en diriez-vous ?

— C'est selon le résultat, répondîmes-nous en déposant nos paquets et notre attirail de botanistes au pied d'un grand hêtre qui couvrait de ses rameaux le milieu d'une clairière ménagée dans l'intérieur de la réserve.

— Eh bien, c'est dit! j'essaye. Et prenant une pose de sibylle, le bras étendu, la tête rejetée en arrière, mais avec un sourire flottant sur tous ses traits : « Génie, s'écria la vieille demoiselle, j'ordonne qu'on m'apporte à déjeuner. »

A ces mots, un petit bruit de branches froissées se fit dans le taillis, comme si quelque chevreuil effrayé s'enfuyait, et nous vîmes apparaître entre les buissons la tête brune et frisée de Madeleine Gélot, puis son corps, puis un grand panier dans lequel on aurait pu la mettre elle-même avec un peu de bonne volonté.

— Voyez-vous, dit l'aimable femme toute triomphante, voyez-vous ce que c'est que d'avoir deux bonnes fées dans sa manche !

— Et les deux bonnes fées sont ? demanda Claire.

— Prévoyance et Précaution ; mettez-vous bien avec elles, mes enfants, elles vous seront souvent utiles.

— Je crois, dis-je, qu'il en faut ajouter une troisième.

— Laquelle, mon ami ?

— La bonté, répliquai-je en m'inclinant et en baisant la main de la vieille demoiselle.

— Oh, oh ! Pétrarque, qui vous rend si galant ? Est-ce l'arrivée du déjeuner, l'influence du joli mois de mai ou celle de l'amabilité présente parmi nous en la personne de Laure ?

Je regardai Laure, à ces mots, et elle me regarda ; il me sembla la voir rougir, et je sentis un flot de sang monter à mes joues sans savoir pourquoi, car il n'y avait rien qui pût nous faire rougir dans ce qu'avait dit Mlle Herbeau.

Claire et Laure avaient aidé la petite Madeleine à vider son énorme panier et à étaler les provisions sur une grande toile étendue par terre en guise de nappe.

C'était un vrai déjeuner de femmes : des fruits, du lait, une galette blonde, du pain frais auquel on avait ajouté par égard pour nos robustes appétits de garçons, à Louis et à moi, une tranche de jambon et un pâté.

Nous nous assîmes gaiement et nous attaquâmes la collation avec ardeur, tout en causant.

Laure demanda à Madeleine comment elle avait fait pour s'absenter.

La grand'mère n'était pas seule, il y avait la Mignote qui avait promis à Mlle Herbeau de rester avec elle, tant que Madeleine serait dehors. La Mignote n'avait ni enfants ni malades à garder pour l'instant. ça ne la dérangeait pas de rester avec la grand'mère, et puis Mademoiselle avait promis de lui donner quelque chose pour sa peine.

Nous nous regardâmes les uns les autres, vaguement contrariés que notre voisine, dont la position était peu aisée, s'imposât des sacrifices pour notre plaisir; pourtant nous ne fîmes aucune réflexion, de peur de la blesser.

Ce fut en vain : son œil clairvoyant avait saisi nos regards au passage et son esprit perspicace en avait deviné le sens.

— Que votre délicatesse soit en repos, mes chers enfants, nous dit-elle; le temps de la Mignote lui sera payé; celui de Madeleine le sera aussi, et ma bourse n'en sera pas le moins du monde appauvrie.

Vous savez que je suis une femme pratique ; je vais vous en donner encore une preuve. Nous allons mettre dans le panier de Madeleine le genêt, le mélilot, les racines de valériane, les feuilles de ronce ; elle ira vendre le tout et elle en partagera le produit avec la Mignote. Que dites-vous de cela?

Nous ne dîmes rien.

La récolte de feuilles de ronce qui m'avait paru si extravagante me fut expliquée, et si j'eusse été d'une nature expansive, je crois que j'aurais embrassé la chère femme, mais j'ai toujours été peu démonstratif, et je me contentai de me faire *in petto* la promesse d'ajouter quelque chose, pour ma part, au chargement de la petite Gélot, en nous en retournant.

— Comment as-tu fait, Madeleine, pour faire un si long chemin avec le grand panier? demanda Claire, c'était bien lourd pour toi?

— Oui, mais je m'ai reposé, répondit Madeleine, pour qui la syntaxe était chose inconnue.

Louis insinua que cette collation improvisée pouvait bien n'avoir pas été étrangère à la grande conférence que notre amie avait eue la veille avec ma mère, ni au mystère dont Marthe s'était entourée, depuis ladite conférence, en nous interdisant l'entrée de la cuisine.

Tout en écoutant le babillage joyeux des autres convives, je regardais Claire et Laure assises l'une à côté de l'autre, en face de moi.

Pour l'œil le moins prévenu, il était évident que Claire était la plus jolie : grande, svelte, avec d'abondants cheveux châtains, de grands yeux clairs, un teint éclatant et délicat à la fois, elle était déjà « une beauté » comme on dit en Angleterre. Laure, bien que plus âgée de quelques mois, était moins formée, moins jeune fille, et ses traits irréguliers, son visage pâle étaient sans aucune beauté.

Mais quel charme prenait sa physionomie, lorsqu'un sourire relevait le coin de ses lèvres ordinairement abaissées par une tristesse bien naturelle chez une orpheline, même quand elle retrouve une mère comme la nôtre! Et surtout, quels yeux! doux, profonds et tendres, lorsque ses paupières laissaient jaillir le regard entre leurs longs cils bruns.

Je ne sais pourquoi cette idée ne m'était jamais venue auparavant, mais ce jour-là je ne pouvais m'empêcher de penser que Laure nous quitterait plus tard, et que son absence se ferait cruellement sentir à la maison.

Claire aussi nous quitterait, à la vérité, mais ce ne serait pas la même chose, Claire n'était pas la « petite abeille diligente » qu'était Laure.

Laure, la douce Laure ! on voyait partout sa main et sa tendresse, certes elle nous manquerait à tous quand elle s'en irait.

— A quoi pensez-vous, ô Pétrarque le morose? demanda Mlle Herbeau, juste comme j'en étais là de mes réflexions.

— A rien, dis-je, ainsi qu'on a coutume de le faire, lorsqu'on est réveillé en sursaut de quelque rêverie profonde.

— Nous, nous pensons à nous remettre en route.

— Alors j'y pense aussi, fis-je en me levant aussitôt.

Nous remplîmes le panier de Madeleine des provisions qui restaient et de la partie de notre récolte qui put y tenir, puis nous nous chargeâmes du reste.

— Par où prend-on? demandâmes-nous.

— Par la prairie; suis-nous, Madeleine, il y aura encore quelque chose pour toi par là.

Qu'il y eût quelque chose ou non, Madeleine n'en était pas moins aise de nous suivre. Une promenade au grand air avec des compagnons pleins de gaîté était une véritable bonne fortune pour la fillette, toujours enfermée auprès d'une vieille femme malade, et pourtant, elle n'y aurait jamais pris part volontairement, sans la confiance qu'elle avait dans la Mignote.

Le déjeuner, la halte que nous avions faite sous les ombrages de la « réserve à monsieur le maire », nous avaient rendu notre première ardeur, et nous arrivâmes bientôt à un endroit de la prairie qu'un petit ruisseau, affluent modeste de la rivière, avait transformé en un marécage minuscule en dispersant ses eaux claires sur le terrain plat.

Ce marais en miniature était tout argenté de houppes soyeuses.

— Regarde bien, s'écria Mlle Herbeau en s'adressant à Madeleine Gélot, tu vois tous ces pompons blancs, tu vas nous aider à en cueillir le plus possible. Etends, dans un endroit sec, la toile qui nous a servi de nappe, nous y mettrons notre récolte pour que tu puisses l'emporter. Demain, j'irai chez toi te montrer l'usage que tu peux en faire. Puis se tournant vers nous :

— Cette plante est la *linaigrette*, *eriophorum*, dont les épis fournissent aux pauvres gens un succédané du coton grâce auquel ils peuvent se procurer, à peu de frais, des oreillers assez doux et des couvre-pieds piqués presque aussi chauds que s'ils étaient fourrés d'ouate.

La grand'mère Gélot se plaint que son fauteuil de paille est bien dur pour ses membres infirmes, nous allons tâcher de lui fournir un coussin.

— Et, dit tout bas Laure, si vous pensez que nous puissions trouver encore de la linaigrette ailleurs, nous irons en chercher un autre jour, je ferai un couvre-pieds piqué pour la pauvre femme, ma tante me montrera.

— La linaigrette ne manque pas aux environs, chère fille, et je me mets à votre disposition, tant pour la récolte que pour la confection de la couverture.

— Merci, répondit Laure, accompagnant sa réponse d'un regard reconnaissant, un de ces doux regards qui n'appartenaient qu'à elle, vif et tendre à la fois.

Nous ne nous arrêtâmes que lorsque le marécage fut entièrement dépouillé, avançant dans la terre mouillée ou les filets d'eau, sans souci du bain de pieds que nous procurait ce travail. Madeleine avait bravement ôté ses souliers et ses bas et pataugeait gaîment avec de l'eau jusqu'à la cheville.

Sans notre vieille amie, Marie eût imité cet exemple ; ce fut avec une moue très peu gracieuse et des mouvements d'épaules mutins qu'elle se laissa remettre par Laure la bottine qu'elle avait déjà retirée.

A notre retour sur la terre ferme, nous choisîmes pour nous un bouquet de linaigrette, cueillie avec ses tiges et ses feuilles, afin d'en avoir pour nos herbiers et aussi pour garnir les vases de la cheminée de la salle à manger, en y mêlant des herbes folles.

Comme nous examinions les linaigrettes de nos bouquets, Mlle Herbeau nous demanda si nous pensions reconnaître la famille dont ces plantes font partie.

— Les *Graminées*, s'écria Louis, tandis que Claire et Laure secouaient la tête et que les tiges carrées de la linaigrette m'embarrassaient un peu, car je n'avais jamais vu aux Graminées que des tiges rondes ; je ne tardai pas à formuler tout haut mon objection contre l'opinion de Louis.

— Oui, me répondit la vieille demoiselle, vous avez vu, du

premier coup d'œil, la différence la plus caractéristique entre les Cypéracées et les Graminées. Il y en a encore une autre, c'est l'absence de *glumes* dans les fleurs, mais celle-là n'est pas appréciable en tout temps, tandis que la forme de la tige permet toujours de distinguer entre eux les individus de ces deux familles si voisines, les Graminées et les *Cypéracées*.

— Ainsi, fit Claire, la linaigrette est une cypéracée ?

— Oui, chère enfant.

— Qu'est-ce que c'est que des glumes? demanda Marie.

— On appelle glumes, les bractées ou l'ensemble des bractées qui accompagnent les fleurs des Graminées.

Marie ignorait très probablement que les *bractées* sont des organes foliacés analogues aux stipules qui accompagnent les feuilles; cependant, elle se contenta de la réponse qu'elle écouta attentivement avec des hochements de tête satisfaits, quitte à demander un autre jour ce que c'était qu'une bractée.

— Tenez, nous dit un peu plus loin notre conductrice, voici de petites fleurs roses qui pourraient encore nous induire en erreur, touchant leur parenté, si nous les examinions légèrement.

Nous pourrions nous croire en présence d'une labiée si nous nous arrêtions à la forme apparente de la corolle, et nous aurions tort. Les Labiées sont monopétales, et ici vous pouvez voir que la corolle est composée de cinq pétales très irréguliers soudés à leur base et s'étalant au sommet pour former deux lèvres. Les étamines au nombre de huit sont soudées par leurs filets qui adhèrent aux pétales, et les anthères forment deux faisceaux séparés.

Cette plante est le *polygala*, type de la famille des *Polygalées*. Bien que nous n'en voyions en ce moment que de roses, le polygala porte également des fleurs bleues. Son nom est formé d'un mot grec qui signifie lait, et que Camille va nous dire, n'est-ce pas?

Polygala.

— Oh! ce n'est pas difficile, ce mot grec est γάλα (gala).

— Merci, et ce nom a été donné aux plantes de cette famille, à cause de la grande abondance de suc laiteux qu'elles contiennent, du moins à ce que disent les philologues et les botanistes, car les bonnes femmes ont une autre opinion.

Peu soucieuses de l'étymologie du mot *polygala*, qu'elles ne connaissent du reste pas, elles prétendent que ces plantes, auxquelles elles donnent les divers noms de *laitier*, *herbe-aux-vaches* et *herbe-au-lait*, ont la propriété d'exciter la lactation chez les vaches qui s'en nourrissent, ce que les savants contestent, car savants et bonnes femmes sont rarement d'accord.

Je ne vous dirai pas, poursuivit la vieille demoiselle, laquelle de ces deux importantes corporations — les savants et les vieilles femmes — affirme que le suc amer et laiteux du polygala est efficace contre les affections pulmonaires et l'*hémoptysie*.

— Prononcez *crachement de sang*, murmurai-je.

— Cependant, poursuivit la joyeuse vieille demoiselle tout en m'adressant un signe de tête approbateur, j'incline à croire que les deux corporations sont là-dessus du même avis, puisque mon médecin et la nourrice m'ont tous deux conseillé, l'hiver dernier, de prendre une infusion de polygala coupée de lait.

— Avez-vous suivi la prescription? demanda Claire.

— Certes oui, chère fille.

— Et vous vous en êtes bien trouvée?

— Oui, mais je connais quelque chose de meilleur encore pour la santé, c'est d'éviter rhumes, catarrhes et bronchites.

— Ce à quoi vous vous appliquiez sans doute il y a une heure, fis-je remarquer, en vous mettant dans l'eau jusqu'aux chevilles, et par-delà, pour cueillir de la linaigrette.

— Ne parlez pas de cela, Camille, il y a des cas dans lesquels on ne s'enrhume jamais!

Quel cœur d'or elle avait cette aimable vieille, et quelle jeunesse dans son esprit, dont les misères ni les douleurs de l'existence n'avaient pu entamer la gaîté! quelle simplicité aussi, dans les mille petits bienfaits qu'elle répandait autour d'elle, sans vouloir qu'on lui en fît jamais un mérite!

Le temps de notre intimité avec elle est resté pour Laure et pour moi un des plus doux souvenirs de notre jeunesse.

Nous voici donc chargés de bottes de genêt, de mélilot, de valériane, de feuilles de ronce, nous acheminant vers le logis; nous avions pris entre nous, Louis et moi, le grand panier de la petite Madeleine qui, portant sur son dos sa charge de linaigrette, et s'avançant péniblement courbée sous son fardeau, devait faire de loin l'effet d'un gigantesque colimaçon parti pour entreprendre une promenade dans les champs à la recherche des bardanes.

De temps en temps, nous faisions une halte pour que l'enfant pût reprendre haleine, nous nous occupions alors de mettre en ordre nos plantes pour les herbiers, renfermées dans nos boîtes avec de la mousse, et aussi de jeter quelques notes sur nos carnets, afin de ne rien oublier de ce que nous avait dit Mlle Herbeau.

Pendant l'une de ces haltes, Laure s'aperçut qu'elle n'avait pas indiqué la famille de la valériane et m'en demanda le nom; je n'avais pas non plus ce nom, ni Claire, ni Louis qui, ne restant jamais court, s'écria que la valériane devait être de la famille des *Valérianées*.

Il avait dit cela comme il eût dit autre chose, mais il se trouva qu'il était tombé juste, ce dont il fut assez modeste pour ne témoigner aucun orgueil.

Notre causerie reçut de là une nouvelle impulsion et nous parlâmes des Valérianées. Nous dîmes que cette famille est composée de plantes à réceptacle en forme de sac, à calice tantôt plumeux et roulé en dedans jusqu'à la maturation, tantôt formé de sépales droits, inégaux; à corolle tubuleuse à cinq lobes, à fleurs tantôt unisexuées, tantôt hermaphrodites portant 1-5 étamines, un style, 1-3 stigmates à ovaire infère soudé au réceptacle, à fruit en akène, et nous ajoutâmes que toutes les Valérianées sont herbacées.

Mlle Herbeau nous apprit que la plante à fleurs rouges ou blanches, à feuilles glauques et entières, qui croît spontanément sur les murailles et qu'on cultive aussi dans les jardins comme plante d'agrément, est également une valérianée, la *Valeriana rubra* de Linné, appelée par de Candolle *centranthus ruber*, reconnaissable à son calice plumeux, à sa corolle éperonnée n'abritant qu'une seule étamine. Elle nous dit aussi qu'un assez grand nombre de valérianées sont comestibles, et nous cita la *mâche* ou *doucette*, *Valerianella.*

Cela nous mena jusqu'à notre porte devant laquelle nous nous séparâmes, Mlle Herbeau ayant déclaré qu'il lui était impossible d'entrer pour partager notre dîner de famille.

A table, Marie, d'ordinaire si loquace, demeura silencieuse et préoccupée.

— Qu'as-tu, petite Marie? demanda ma mère, tu as trop marché et te voilà fatiguée.

— Non, mère, je réfléchis.

— Oh! oh! s'écria mon père, voici quelque chose de nouveau, Marie réfléchit.

— Pourquoi pas, répliqua ma mère, ma petite fille réfléchit souvent, n'est-ce pas, mignonnette?

— Oui, mère.

— Dis-nous, chérie, à quoi tu réfléchis ce soir.

— Je me demande pourquoi on peut prendre tout ce qu'on veut dans les bois et dans les champs, pour se guérir, et aussi des choses pour manger comme les mûres, les châtaignes, et pourquoi on ne peut pas prendre autre chose.

— Explique-toi mieux, mon enfant.

— Aujourd'hui, par exemple, nous avons ramassé toute sorte de choses pour que Madeleine Gélot aille les vendre, et de la linaigrette pour faire un coussin et un couvre-pieds à sa grand'mère; pourquoi ne peut-on pas aussi aller cueillir du blé pour qu'elle s'en fasse faire du pain?

— C'est bien simple, répondit mon père; ce que vous avez récolté aujourd'hui pousse tout seul et n'est à personne, tandis

qu'il faut travailler pour faire pousser le blé, il appartient donc à celui dont le travail l'a fait naître et croître; aussi ne peut-on prendre au cultivateur le fruit de son labeur qu'en lui en donnant un équivalent, c'est-à-dire en le payant.

— Je sais bien ce que je ferai, quand je serai grande, reprit Marie après une courte rêverie.

— Que feras-tu? dit ma mère.

— J'amasserai beaucoup d'argent, comme ça, je pourrai payer les choses qui s'achètent pour en donner à ceux qui en ont besoin.

— Et comment t'y prendras-tu pour avoir beaucoup d'argent?

— Je ferai comme papa, répliqua la fillette d'un ton résolu, je travaillerai!

— Il n'y a pas besoin d'attendre que tu sois grande pour cela, tu peux commencer tout de suite.

— Qu'est-ce qu'une petite fille peut faire?

— Elle peut s'appliquer à ses leçons et à ses devoirs, elle peut encore autre chose, si elle veut. Tu sais que nous avons trop d'ouvrage pour nous trois, tes grandes sœurs et moi, de sorte que nous sommes souvent obligées de prendre une ouvrière. Puisque tu as tant envie de travailler, chaque fois que tu me feras un ourlet bien fait, je te le paierai le même prix qu'à l'ouvrière. Tu amasseras cet argent-là et tu achèteras du blé à ceux qui en manquent.

— A Madeleine Gélot et à sa grand'mère?

— A qui tu voudras. Pour l'instant, va te mettre au lit, je suis sûre que tu dormiras bien, rien ne procure un sommeil paisible comme de se coucher sur une bonne pensée.

La fillette fit le tour de la table pour donner à chacun le baiser du soir et se rendit à sa chambre, accompagnée de Laure qui suppléait souvent ma mère auprès d'elle.

Le lendemain matin, Marie n'eut pas de cesse que Laure ne lui eût fait réciter son histoire et que je ne lui eusse préparé un modèle d'écriture; après quoi, elle poursuivit ma mère afin d'avoir un ourlet à faire, en attendant que mon père l'appelât pour sa leçon quotidienne.

J'ai pensé souvent, depuis, à la supériorité de l'exemple sur le précepte. Les plus beaux discours sur la charité n'auraient jamais réussi à faire prendre à ma petite sœur la résolution que lui inspirèrent les actions si simples de notre voisine, résolution dont elle poursuivit l'accomplissement avec une persévérance réellement au-dessus de son âge.

VI

JUIN

« Mignonne, allons voir si la rose,
Qui ce matin avait déclose
Sa robe de pourpre au soleil,
A conservé, cette vesprée,
Sa belle robe diaprée
Et son teint, au vôtre pareil ».

Ainsi parlait Ronsard par un beau soir de juin.

Au risque de faire un vers faux, je dois mettre *mignonnes* au pluriel pour être également juste envers ces deux jeunes filles.

Et Mlle Herbeau embrassa Claire et Laure déjà prêtes pour notre excursion.

— Et mon petit bouton de rose, où est-il? ajouta-t-elle en cherchant Marie du regard.

Le « petit bouton de rose » arriva tout maussade et laissant voir pas mal d'épines dans sa mauvaise humeur.

Ma mère pensait avec raison que la promenade serait longue, la chaleur était très forte et elle refusait de permettre à Marie de nous accompagner, tandis que celle-ci voulait à toute force venir avec nous.

Comment faire? Laure promettait bien de veiller sur la fillette et de s'arrêter avec elle, dès qu'elle serait fatiguée, à un endroit où nous pourrions les reprendre au retour, mais cette combinaison privait Laure d'un de ses plus grands plaisirs.

On s'arrêta à un moyen terme : Marthe devait nous apporter notre déjeuner dans les bois, on louerait l'âne du jardinier et Marie nous rejoindrait, à âne, en même temps que Marthe.

L'espoir de cavalcader sur le baudet du père Thiroin changea les haussements d'épaules, les hochements de tête et la moue du « petit bouton de rose » en un sourire et des battements de mains joyeux.

— Au revoir, Mignonnette, à tantôt, dit Mlle Cécile en l'embrassant.

— A tantôt, répondit petite Marie, qui se haussa sur la pointe des pieds pour embrasser Claire et Laure au passage.

— En notre qualité de gens pratiques, nous nous intéressons peu à la beauté, n'est-ce pas?

— Oh certes! répondîmes-nous en chœur, ce qui ne m'empêcha pas de penser que la beauté n'est pas si désagréable et que Laure était bien jolie avec la petite lueur rose que la chaleur de l'été faisait monter à ses joues.

Mlle Herbeau continuait :

— Nous allons par les chemins, interrogeant chaque fleurette. — A quoi sers-tu, petite fleur? Celle qui répond : je suis belle, n'est-ce pas assez? Nous la quittons bien vite pour courir après celle qui promet de nous soulager dans nos maux.

Voilà pourquoi nous laisserons la reine des fleurs sur sa tige.

Eurêka! faillis-je m'écrier, je venais de trouver le secret de la beauté de Laure, de ce charme qui me pénétrait jusqu'au cœur ; son doux visage n'était que le miroir de son âme charmante. Cette beauté voilée ne frappait pas d'abord comme celle de Claire, mais la bonté, le dévouement qu'elle révélait vous attendrissait peu à peu. Il y avait un mois que je cherchais pour quelle raison ces deux jeunes filles, également gracieuses, également jolies et bien élevées, inspiraient des sentiments différents. Claire, c'était la rose éclatante et fière ; Laure semblait dire : ne me regardez pas, je n'en vaux pas la peine, souvenez-vous seulement que je puis me rendre utile dans la vie.

La conversation avait continué, pendant que je réfléchissais ainsi.

— Voyons un peu, pourtant, disait notre vieille amie, dans les quelques milliers de variétés connues de rose, il est impossible qu'il n'y en ait pas au moins une d'utile.

Vraiment oui, il y en a une, il y en a même plusieurs : la rose française, *rosa gallica,* la rose de Provins, *rosa provincialis*, la rose musquée, *rosa moschata*, la rose de Damas, *rosa damascena*, la rose à cent feuilles, *rosa centifolia*, et même la *rose rouillée*, *rosa rubiginosa*, si commune dans les haies. Ses feuilles couvertes d'un duvet parfumé dont la couleur rousse lui a valu son nom de rose rouillée peuvent remplacer le thé.

— Mais..... interrompit Claire.

Rosa canina (Églantine).

a, branche avec ses aiguillons montrant une fleur épanouie et un bouton (les feuilles sont stipulées); *b*, coupe longitudinale de la fleur montrant le calice polysépale, le réceptacle sacciforme, les nombreuses étamines et le pistil; *c*, fruit; *d*, le même coupé pour montrer les ovaires.

— Mais, voulez-vous dire, nous ne nous occupons que des plantes rustiques, et la rose est une fleur de jardin?

— En effet.

— Oui, et non; ne viens-je pas de dire que la rose rouillée croît dans les haies et n'avons-nous pas déjà trouvé le mois dernier l'*Églantine*, la *Rosa canina* ou *Cynorrhodon* qui est devenue, par la culture, la rose de nos parterres.

Vous pouvez bien me permettre une courte excursion dans le jardin, au propre et au figuré.

De plus, la rose étant le type de la nombreuse famille à laquelle elle a donné son nom, famille qui renferme un grand nombre de plantes utiles, et pas une seule plante dangereuse, elle mérite bien que nous lui consacrions quelques instants.

— En ce cas, dis-je, je vous demanderai quels sont les usages des roses que vous avez énumérées tout à l'heure.

— C'est de quoi j'allais avoir le plaisir de vous entretenir, tout en admirant au passage les rosiers de votre maman.

La rose de Provins, ainsi nommée, non parce qu'on la cultive à Provins, mais parce qu'elle croît spontanément dans cette région, fournit le vinaigre rosat qui sert à préparer des gargarismes astringents. Elle entre dans la préparation du miel rosat, dont on fait des onctions dans la stomatite, maladie connue vulgairement sous le nom de muguet, à cause des petites pustules blanches qui se développent sur la langue et dans tout l'intérieur de la bouche ; elle sert encore à faire des cataplasmes après avoir été infusée dans du gros vin. Ces cataplasmes sont très bons dans les cas de foulures. En Espagne, on ajoute aux roses de l'origan et du benjoin.

La rose à cent feuilles, la rose de Damas et la rose musquée servent toutes trois à fabriquer l'eau de rose qui, mêlée à l'eau de plantain, fait la base de la plupart des collyres employés contre les affections des paupières.

Plus tard, quand nous aurons achevé notre récolte fleurie, je vous montrerai à préparer le vinaigre et le miel rosat; pour aujourd'hui, assez flâné, quittons le jardin.

— Nous n'irons pas loin sans nous arrêter; voici, au pied du mur, une petite fleur jaune, qui mérite notre attention.

— Ça? fit Louis, c'est un *Bouton d'or*.

— Croyez-vous?

— Parbleu!

— Eh bien, moi, je ne crois pas, voulez-vous que nous voyions cela ensemble?

— D'abord, la feuille offre cinq divisions, cinq folioles pour mieux dire, ce qu'on ne trouve pas dans le bouton d'or.

— C'est vrai.

— Examinons maintenant la fleur : elle est régulière, le calice soudé à la base porte un disque et se termine par plusieurs divisions assez profondes au bas desquelles sont insérés les pétales libres au nombre de cinq. Les étamines sont libres et en nombre indéfini; elles naissent du calice au-dessous de l'insertion des pétales.

Pensez-vous encore, Louis, que ce soit là un bouton d'or, autrement dit une *Renonculacée?*

— Non, dit Louis, le calice est tout différent, et les renonculacées ne portent pas de disque.

— En effet; je vous demanderai donc à quelle famille appartient cette plante.

— Je crois, répondis-je en voyant Louis embarrassé, que c'est une *Rosacée* et, d'après les cinq divisions de la feuille, je crois que c'est la *Quintefeuille.*

— C'est bien elle, son véritable nom est *Potentille*, *Potentilla*. Elle renferme une quantité de tannin assez notable pour être employée comme astringent. Elle pousse un peu partout ; ni la sécheresse ni l'humidité ne la gênent, pas plus que le grand soleil de la plaine ou l'ombre des bois.

Suivons le long des prés; d'après la bonne odeur douce, mêlée de miel et d'amande, que je sens par ici, il doit y avoir des *Reines des prés* dans ces parages.

Justement, en voici une touffe couronnée de fleurs blanches disposées en élégants corymbes paniculés.

— Pourquoi dites-vous, je vous prie, demanda Laure, que les corymbes de la reine des prés sont paniculés ?

— Parce qu'ils s'allongent et rappellent la grappe de fleurs du lilas, laquelle grappe est une panicule. C'est cependant bien un corymbe puisque nous voyons les tiges secondaires, nées à diverses hauteurs, atteindre le même niveau, dans chaque petit corymbe partiel.

— En effet. Je vous remercie.

— La reine des prés, ou *Ormière*, ou, comme disent les savants, la *Spirea ulmaria*, est encore une rosacée, sa racine est vermifuge.

Un des membres de la tribu dont elle est le type, la *Spirea filipendula*, vulgairement *Filipendule*, est amère et aromatique, nous la trouverons dans le bois ; ces prés-ci sont trop humides pour elle. Ses fleurs sont disposées comme celles de la reine des prés, mais elles sont rosées ou même rougeâtres.

Nous allons prendre quelques fleurs à cette haie de sureau.

pas toutes, il faut en laisser pour pouvoir récolter des fruits au mois d'août.

La fleur donne une infusion sudorifique, les baies sont laxatives, surtout celles de l'*Hièble*, *Sambucus ebulus*.

Le genre *Sureau*, *Sambucus*, appartient à la famille des *Caprifoliacées*, dont le type est le *Chèvrefeuille*.

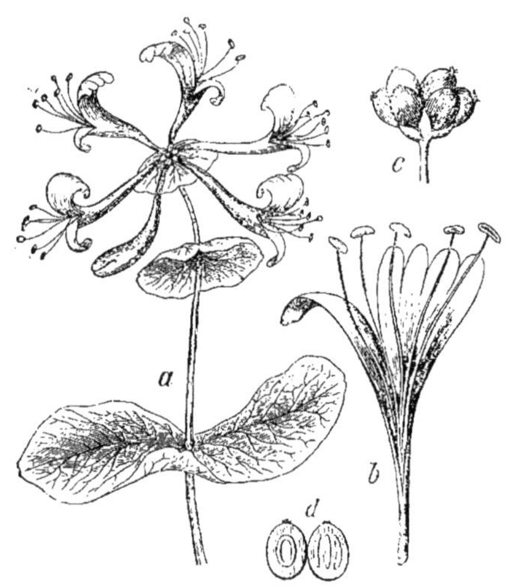

Lonicera caprifolium (Chèvrefeuille).

a, tige portant des feuilles conjointes ; *b*, corolle ouverte pour montrer l'insertion des étamines ; *c*, fruit ; *d*, graine.

Les caractères généraux de cette famille sont : un calice à cinq petites dents, une corolle à cinq segments, cinq étamines, trois stigmates sessiles, c'est-à-dire sans style et s'insérant directement sur l'ovaire. Le fruit est une baie renfermant trois ou cinq graines.

L'hièble a une tige herbacée, des feuilles pennées à folioles lancéolées, des fleurs blanches disposées en cyme. Je vous supplie de ne point m'arrêter pour la définition du mot cyme, il doit vous suffire de savoir que c'est une inflorescence définie, qu'il y en a de plusieurs sortes et que dans le sureau elle est caractérisée par la naissance de rameaux floraux verticillés partant d'un centre commun.

Il faut nous dépêcher pour deux raisons, d'abord parce que le grand nombre de plantes fleuries nous prépare beaucoup d'ouvrage, et ensuite parce qu'il faut tâcher d'arriver à temps au rendez-vous assigné à Marie.

Finissons-en avec le sureau. Les fruits de l'hièble sont de petites baies noires et luisantes.

Le *Sureau noir*, *Sambucus nigrum*, est un arbuste dont les rameaux sont pleins d'une abondante moelle blanche. Ses feuilles sont plus ovales que celles de l'hièble, ses fleurs d'un blanc moins pur, c'est le sureau qu'on cultive dans les jardins.

Dans les branches du sureau s'enroulait une plante grimpante, aux attitudes élégantes, aux feuilles à cinq lobes, ayant à la base la forme d'un cœur, dont les fleurs d'un blanc sale et verdâtre, disposées en corymbes presque sessiles, avaient, disait Laure, l'air empoisonnées.

Claire prétendait que l'odeur nauséabonde de ces vilaines fleurs n'indiquait rien de bon et qu'assurément il fallait se méfier d'elles.

Peut-être pas des fleurs, mais bien de la racine, dit Mlle Herbeau. Cette plante est une *Cucurbitacée*, la *Bryone dioïque*, *Bryona dioïca*, de laquelle les bonnes femmes de ce pays, qui l'appellent *Navet fou*, racontent toutes sortes d'histoires sinistres.

Il paraîtrait qu'en faisant boire à quelqu'un du lait dans lequel on mêlerait une décoction de bryone, on produirait d'abord l'hébétude sur cet individu, puis peu à peu l'idiotie. Toujours d'après les bonnes femmes, ce procédé aussi simple que peu honnête ne serait pas dédaigné par certains tuteurs sans scrupules.

Les médecins sourient quand on leur parle de cela, mais ils accordent à la racine de bryone, racine charnue, quelquefois grosse comme le bras, la propriété de déterminer des évacuations immédiates, quand on l'applique en tranches fraîches sur le ventre. Ils ne conseillent toutefois pas ces applications, qui ne sont pas sans danger. Par contre, les homéopathes voient dans la bryone convenablement diluée un remède efficace contre un certain nombre de maux.

A côté de la bryone, cette autre plante grimpante est une Renonculacée.

— Par conséquent, fis-je, encore une empoisonneuse.

— C'est bien une *Clématite*, dit Laure ; pourtant elle n'a pas de parfum ; ne l'appelle-t-on pas aussi *Viorne?*

— Oui, ma chère fille, c'est une Clématite, la *Clematis vitalba*, dont les fleurs non odorantes sont remplacées à l'automne par des houppes soyeuses du plus joli effet, et c'est aussi la viorne comme vous l'avez dit. On l'appelle encore *herbe-aux-gueux*, parce que les mendiants se servent de ses feuilles qui sont vésicantes pour se faire sur la peau de faux ulcères dont la vue stimule la compassion des passants.

— Ah! cria Claire faisant en arrière un bond effaré, une couleuvre, une couleuvre! allons-nous-en!

— Vous savez bien que la couleuvre est inoffensive, fit tranquillement Mlle Herbeau.

— Oui, oui, répondit Claire d'une voix étranglée par la frayeur, je sais bien.

— Mais vous en avez peur tout de même! rassurez-vous et permettez que nous entrions encore un peu dans cette prairie humide. Par ce chaud mois de juin, la flore aquatique est plus riche que celle des endroits secs; nous devons rencontrer ici, et sur le bord de la mare que nous pouvons déjà voir miroiter sous le soleil, un certain nombre de plantes utiles.

— Mais, insista Claire, vous disiez tout à l'heure qu'il fallait nous dépêcher de gagner le bois?

— Je le dis encore; cependant je ne puis admettre qu'il faille négliger les richesses qui s'offrent à nous ici.

Tenez, voici déjà la *Guimauve*, *Althea officinalis*. Il faut prendre la plante tout entière, tout en est bon, et les fleurs rose pâle à deux calices, et les feuilles ovales à cinq ou sept lobes, et les rameaux couverts d'un léger duvet blanc, et la racine.

Avec la racine, on prépare une décoction émolliente qu'on emploie en boissons, en lotions, en... demandez à M. Clistorel, à moins que vous ne l'ayez déjà deviné.

— Si nous l'avions deviné! c'était, avec les cataplasmes et les bains de pieds, une des panacées de ma mère, qui avait coutume de combiner ses trois remèdes favoris, au moindre bobo dont nous nous plaignions.

— Tu vas prendre un bon bain de pieds, disait-elle, et puis un bon petit... Qu'allais-je faire, bon Dieu! pris par les souvenirs de mon enfance, j'ai failli écrire le mot en toutes lettres! — Et la cérémonie se terminait par l'ensevelissement du patient sous un énorme cataplasme.

Je dois ajouter que le médecin approuvait invariablement

Althea officinalis (Guimauve).

a, tige à fleurs axillaires; *b*, racine; *c*, pistil portant plusieurs stigmates; *d*, étamine; *f*, calice avec son calicule; *h*, carpelles nombreux réunis en verticille; *i*, carpelle isolé; *g*, le même montrant la graine.

cette médication à laquelle il ajoutait rarement d'autre prescription que celle d'une diète absolue. Grâce à la crainte salutaire que nous inspirait ce régime, nous apprîmes de bonne heure à n'être pas douillets.

— La plante garnie de ses feuilles, reprit la vieille demoiselle, entre dans une fumigation très salutaire contre le rhume de cerveau ; quant à la fleur, on en fait une infusion pectorale analogue à celle de fleur de mauve.

Mauve et guimauve sont au reste deux sœurs de la famille des *Malvacées*.

Les malvacées renferment toutes un suc mucilagineux, elles sont reconnaissables à leur calice double ou plutôt accompagné d'un calicule, à leur corolle à trois ou cinq pétales parfois soudés à la base, et surtout à leurs étamines nombreuses réunies en une sorte de tube. L'ovaire est libre, il y a un ou plusieurs styles et toujours plusieurs stigmates, le fruit est composé de carpelles réunis en un verticille, comme vous l'avez vu sans doute sur les Roses trémières qui sont, comme la guimauve, des althéas. De même que la rose, le camélia, le dahlia, lorsque la rose trémière, ou passe-rose devient double, c'est aux dépens des étamines qui s'étalent, s'élargissent, et prennent l'apparence de pétales.

— De sorte que la valériane rouge qui n'a qu'une seule étamine, ne doublerait guère, fit Louis.

Il nous rejoignait après une excursion sur les bords de la mare et rapportait une singulière plante offrant une corolle en forme de lèvres, dont l'inférieure se prolongeant en arrière, en un long éperon, nous jeta dans une foule d'erreurs sur sa parenté.

Les fleurs jaunes étaient disposées en grappe terminale et les feuilles présentaient de petites vésicules que je fis remarquer à notre guide.

— Ne dites pas vésicules, Camille, dites utricules, et vous aurez le nom de la plante aquatique apportée par Louis, c'est l'*Utriculaire*, *Utricularia vulgaris*, de la famille peu nombreuse des *Lentibulariées*. Elle est précieuse, elle guérit les brûlures ; allons voir s'il y en a encore d'autres sur le bord de la mare.

Nous voici au milieu d'un groupe de *Primulacées*, les unes nuisibles, ce sont les *Anagallis* à fleurs bleues et à fleurs rouges, appelés par les ignorants : *Mouron bleu* et *Mouron rouge*, et les autres absolument indignes de la grande renommée dont elles ont longtemps joui.

– On trouve des intrigants partout, fis-je remarquer sentencieusement.

— Hélas ! répondit la vieille demoiselle. Ceux dont il s'agit sont les *Lysimaques*. La *Lysimachia vulgaris*, *cornille*, *corneille perce-bosse*, fit croire pendant longtemps, qu'elle arrêtait les hémorrhagies ; la *Lysimachia vulcrandi* passa pour vulnéraire. En voici une autre qui se distingue par des pédoncules égaux aux feuilles et par les divisions du calice en forme de cœur, aiguës, c'est l'*herbe-aux-écus*, la *monnoyère*, comme l'appellent je ne sais pourquoi les paysans, et de son vrai nom la *Lysimachia nummularia*. Celle-ci est réellement bonne à quelque chose ; elle est astringente.

Prenez-en, n'en prenez pas, cela vous regarde, il y a tant de plantes astringentes qu'il importe peu d'en laisser une ou même plusieurs de côté.

— A propos : avons-nous dit ce que sont les *primulacées*, lorsque nous avons rencontré la primevère officinale ?

Nous consultâmes nos carnets : rien des primulacées.

— Écrivez donc : plantes herbacées, calice monosépale à cinq divisions, corolle monopétale régulière en général à cinq divisions, étamines superposées aux divisions de la corolle et en nombre égal à celui de ces divisions, un ovaire, un style, un stigmate, fruit à une seule loge, renfermant plusieurs graines.

Le fruit des Anagallis s'ouvre comme une boîte à savonnette; leur corolle s'étale, comme vous voyez, en forme de roue.

Nous n'allons jamais pouvoir parler ainsi en détail de toutes les familles dont nous verrons des individus aujourd'hui; nous mettrons de côté celles qui sont peu importantes, et celles que nous avons chance de retrouver plus tard.

Lychnis githago (Nielle).

Prenons la route maintenant et suivons-la sans nous arrêter ni aux coquelicots ni aux bluets ni à la nielle élégante avec sa corolle violette enfermée entre les longues pointes vert sombre des cinq divisions qui terminent le calice.

Non que ces plantes soient sans intérêt; la *Nielle*, *Lychnis githago*, cette séduisante *Caryophyllée*, est redoutable. Que ses graines soient broyées avec le grain, et le pain préparé avec cette farine deviendra un aliment mortel : tous ceux qui en mangeront seront atteints de chancres dans la gorge.

Le *Coquelicot*, *Papaver rheas*, est au contraire bienfaisant. Ses pétales donnent une infusion à la fois pectorale et calmante;

il fait partie des *Papavéracées* dont le type est le *Pavot.*

— Le *bluet* doit servir à quelque chose? dit Louis; je sais que l'herboriste en vend.

— Oui, le bluet, *bleuet*, *barbeau*, *aubifoin*, *blanchette* ou bien encore *casse-lunettes*, etc., etc., de son vrai nom *centaurée bleue*, *centaurea cyanus*, est fébrifuge et de plus, dit-on, bon contre l'ophtalmie. Il fait partie, comme nous l'avons déjà dit, je crois, de l'intéressante et nombreuse famille des *Composées*, ainsi que la *Centaurea chalcitrappa*, *Chardon étoilé* ou *Chausse-trappe*, si salutaire dans la fièvre typhoïde, et l'*Inulus helenium*, *Aulné* ou *Panacée de Chiron* dont la racine tonique, diaphorétique et diéthétique, jadis très employée contre la maladie d'estomac appelée dyspepsie et les affections pulmonaires, contient une poudre blanche amylacée nommée *inuline*, une résine âcre, une huile volatile, plus un principe extractif amer. Une autre inule, l'*Inula dysenterica* ou *Herbe à saint Roch*, est antidysentérique, ainsi que le dit son nom.

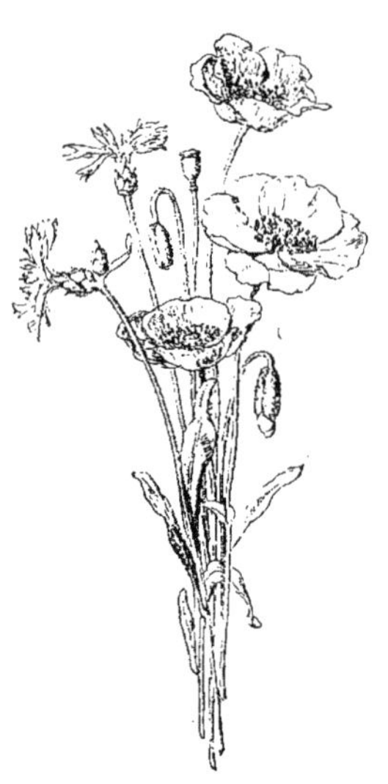

Centaurea cyanus (Bluet) et *Papaver rheas* (Coquelicot).

Puisque nous voici à l'entrée du bois, nous allons monter par cette allée, pour rejoindre Marie, qui doit nous attendre en compagnie de Marthe et du déjeuner.

— Et du bourriquet, interrompit Louis, qui paraissait avoir

quelque secrète envie de faire un temps de galop en compagnie de l'âne.

Mlle Herbeau ne répondit pas, elle examinait les pentes pierreuses, de l'air de quelqu'un qui cherche et craint de ne rien trouver.

Digitalis purpurea (Digitale pourprée).

a, fleurs en grappe unilatérale; *b*, tige et racine; *c*, corolle ouverte pour montrer les étamines didynames; *d*, calice à parties inégales; *e* et *f*, coupe longitudinale et transversale de l'ovaire à deux loges multiovulées.

— La belle et précieuse plante que je voudrais vous faire voir est assez rare dans le bassin parisien, car elle préfère les terrains granitiques à tous les autres; pourtant je l'ai déjà vue par ici, ce qui me fait espérer de la rencontrer.

Je ne m'étais pas trompée! en voici quelques-unes. Voyez avec quelle élégante fierté ces hampes fleuries s'élancent des feuilles ovales, lancéolées, d'un vert profond, légèrement garnies de duvet en dessous! Les fleurs, disposées en grappe unilatérale, sont d'un pourpre vif, marquetées à l'intérieur de points d'un pourpre plus sombre qu'entoure une sorte d'auréole blanche. Elles ont vaguement la forme d'un doigt de gant.

La reconnaissez-vous?

— C'est la *Digitale pourprée*, répondîmes-nous.

— Oui, c'est la digitale pourprée, *Digitalis purpurea*, vulgairement *Gant-Notre-Dame* si précieuse dans les maladies de cœur et dont les feuilles pulvérisées entrent dans la préparation de certains vésicatoires.

Elle est de la famille des *Scrofulariées*, appelées *Personnées* par certains auteurs à cause de la corolle, qui rappelle celle de la bouche humaine.

Puisque nous avons trouvé la digitale, peut-être rencontrerons-nous l'*Aconit napel*, qui croît dans les mêmes terrains qu'elle, et fleurit en même temps.

Vous connaissez, n'est-ce pas, cette belle plante à feuilles finement découpées, avec sa grappe de fleurs bleu foncé, en forme de capuchon, qui lui ont fait donner le nom de *bonnet de prêtre ?*

Nous en avions une dans le jardin, mais ma mère l'avait fait arracher à cause de la manie qu'ont tous les enfants de porter les fleurs à leur bouche et de les mâchonner; elle craignait que quelqu'un d'entre nous ne s'empoisonnât, car à cette époque nous étions encore tout jeunes. Nous eûmes beau chercher dans le voisinage des digitales, nous ne trouvâmes pas d'aconit ; ce que Mlle Herbeau regretta, cette plante renfermant, disait-elle, un principe actif efficace contre les névralgies de la face qui font tant souffrir et qui défigurent en occasionnant

Tilia (Tilleul).

a, feuilles et fleurs; *b*, fruits; *c*, fleur; *d*, coupe transversale du fruit uniloculaire par avortement des cloisons.

des tics. Elle nous dit aussi que l'élégance de l'aconit l'a fait appeler *Char de Vénus* et que ses caractères botaniques le rangent dans la belle et perfide famille des *Renonculacées*.

Ainsi qu'il arrive souvent, ce fut ce que nous ne cherchions pas que nous trouvâmes.

Une odeur très caractéristique dénonça à notre amie la présence de la *Rue fétide*, *Ruta graveolens*, type de la petite famille des *Rutacées*.

Cette plante est cultivée dans les jardins à cause de ses fleurs jaune pâle, assez agréables, disposées en corymbes qu'accom-

Lilium album (Lis blanc).
a, hampe florifère ; *b*, bulbe écailleux.

pagnent de longues bractées lancéolées. Ses feuilles divisées en segments, sont charnues, parsemées de points glanduleux translucides, qui renferment l'huile volatile et la substance résineuse auxquelles elle doit son odeur nauséabonde, ainsi que son action sudorifique et vermifuge. Elle est si énergique, qu'on l'emploie seulement dans les cas extraordinaires.

En Angleterre, elle remplace le buis bénit le jour des Rameaux ; c'est à cela qu'elle doit son nom d'*Herbe de grâce.*

Comme il n'y avait plus de petits enfants parmi nous, ainsi qu'au temps où ma mère avait sacrifié ses aconits à notre sécurité, Mlle Herbeau nous conseilla de transplanter un pied ou deux de rue dans le jardin, afin d'observer le curieux phénomène qu'elle présente au moment de la fécondation.

Nous eûmes le temps d'observer ce phénomène à notre aise, car la rue n'a pas moins de vingt-cinq étamines qui se recourbent, chacune à leur tour, pour venir déposer leur pollen sur le stigmate du pistil.

En arrivant au rendez-vous, nous trouvâmes Marie qui nous attendait impatiemment. Elle s'était amusée sur son baudet, mais, disait-elle, elle se serait encore bien plus amusée avec nous; l'histoire même de la couleuvre et de la terreur de Claire ne parvint pas à la dissuader.

Après déjeuner, Marthe s'en retourna par le plus court, conduisant l'âne par la bride, et Marie vint avec nous.

Il nous fallut retourner à la mare, parce que nous avions oublié de prendre une petite scrofulariée purgative, la *Gratiole officinale*, *Gratiola officinalis*, plus comme sous le nom de *Séné*, qu'on appelait dans le pays *Herbe au pauvre homme.*

Nous cueillîmes du *Flûteau*, *Alisma plantago* ou *Plantain d'eau*, sans croire cependant à ses vertus comme remède contre la rage, et quelques *Sagittaires*, *Sagittaria*, dont les feuilles en fer de flèche se balançaient au-dessus de l'eau stagnante de la mare. Ces deux plantes font partie de la famille peu importante des *Alismacées.*

Il paraît que la racine de la sagittaire ou *Fléchière* renferme une fécule alimentaire analogue à l'arrow-root.

Mlle Herbeau rentra avec nous par le jardin, afin de faire une petite provision de fleurs de *Tilleul*. Elle demanda à ma mère la permission de cueillir une branche de *Lis* afin de faire macérer les fleurs dans l'huile pour panser, à l'occasion, les meurtrissures et les brûlures.

Laure et Claire eurent bientôt fait un beau bouquet de lis, et notre amie nous quitta en nous disant au revoir.

VII

JUILLET

« L'été, chargé de blonds épis,
Étale ses riches habits. »

— Cultiveriez-vous le mirliton, chère Mademoiselle? s'écria ma mère en réponse à ces deux vers de l'incorrigible faiseuse de citations.

— Le mirliton est, je l'avoue, un instrument plein de charme; pourtant, je ne le cultive pas.

D'où vient cette question?

— De ce que vous n'avez pas pu lire vos deux vers ailleurs que sur un de ces instruments.

— Sur un mirliton! fit Mlle Herbeau indignée; non, Madame; et, se calmant aussitôt, je conviens qu'ils en sont dignes, bien qu'ils soient d'un ambassadeur, le cardinal de Bernis, surnommé, en son temps, Babet la bouquetière, tant son bagage de madrigaux, dits bouquets à Chloris, était considérable.

Si mauvais qu'ils soient, les vers du cardinal-poète sont en situation, car l'été est commencé et les épis sont assez mûrs pour que, le 21.du courant, comme on dit en style commercial, jour de la Saint-Victor, on entreprenne les moissons dans la partie de la France située au nord de la Loire.

Nous allons donc faire aujourd'hui nos provisions de bluets et de coquelicots.

— C'est fait, dirent Claire et Laure ; nous en avons qui sèchent dans l'herboristerie, et nous en avons pris pour vous aussi.

Ce mois-ci est encore riche : au premier rang des plantes qu'il nous offre sont les filles aromatiques de la famille des *Labiées*, et Dieu sait si elles sont nombreuses ! Elles entrent pour un vingt-quatrième dans la flore française.

Si elles n'ont, en général, que des fleurs peu éclatantes, elles ont toutes un port élégant, un parfum agréable ; beaucoup d'entre elles sont salutaires, et aucune n'est nuisible.

Nous allons les trouver un peu partout : dans les bois, dans les prés, sur les collines, dans les lieux humides et même dans les jardins. Elles sont toutes en fleur, en ce moment : sauge, thym, lavande, mélisse, basilic, origan, germandrée, romarin.

Les rhumatisants souffrent, par les chaleurs, il leur faut des fumigations aromatiques ; les estomacs délicats s'affaiblissent, il leur faut des stimulants. Pour les personnes dont le cerveau se congestionne, nous recueillerons le romarin, et pour celles dont les bronches délicates sont atteintes, nous aurons les bugles et le lierre terrestre que nous connaissons déjà.

Oh ! la riche et prévoyante nature, qui, à pleine main, nous fournit les remèdes nécessaires pour guérir les maux dont elle nous fait souffrir !

Je suis sûre que petite Marie va nous dire d'où vient aux labiées le nom qu'on leur a donné.

Marie déclara que oui, mais, cette affirmation émise, elle regarda Laure comme si elle eût attendu que celle-ci lui soufflât sa réponse. Laure se frappait les lèvres du bout de l'index avec insistance, et après un moment d'hésitation, Marie, moins ferrée encore sur les étymologies que sur la botanique, finit par dire que les labiées avaient été appelées ainsi parce qu'elles ressemblent à une bouche.

— Pas tout à fait, mais parce que la corolle forme deux lèvres. Pour dire qu'elle ressemble à la bouche, il faudrait ajouter : ouverte. Ce sont les scrofulariées qui rappellent la forme de notre bouche, t'en souviendras-tu?

— Oh ! oui.

— En tous cas, si tu l'oublies, on te le rappellera. Comme nous allons avoir affaire à un très grand nombre de labiées, je voudrais bien que quelqu'un me donnât le signalement général de cette famille.

— Les labiées, dis-je, se composent principalement de plantes herbacées à fleurs axillaires, complètes, irrégulières, disposées ordinairement en verticille et souvent accompagnées de bractées. Le calice est persistant, tubuleux, il se termine en deux lèvres ou porte 5 à 10 divisions. La corolle, monopétale, forme également deux lèvres ; les étamines, au nombre de quatre, ont cela de particulier, que deux sont longues et que deux sont courtes; ces dernières manquent même quelquefois, comme dans la sauge.

— Nous sommes sûrs maintenant de reconnaître les labiées; donc en campagne, dit Mlle Herbeau.

Et nous sortîmes, suivant notre voisine, qui continuait à nous renseigner sur ces plantes utiles en nous disant que nous ne pourrions rencontrer dans notre promenade, ni le basilic, ni la mélisse, ni la sariette, ni la lavande, ni le romarin, pour lesquels le climat du bassin de la Seine est déjà trop humide. Ils n'y vivent que dans les jardins.

Salvia officinalis (Sauge officinale).

En revanche, nous devions trouver de nombreux représentants des autres tribus de la famille : salviées, menthées, thymées, lamiées, ajugées.

Il était probable que la sauge serait la première à s'offrir à nos regards : elle affectionne le voisinage des habitations et se plaît aussi dans les jardins où les jolies fleurs bleu pâle de quelques espèces les font bien accueillir.

Nous ne tardâmes pas à rencontrer, en effet, la *Sauge officinale*, *Salvia officinalis*, grande, avec des tiges vivaces, rameuses, velues, des feuilles pétiolées, ridées, un peu cotonneuses, finement crénelées sur le bord, des fleurs rose pâle disposées en glomérules, ainsi que la *Sauge des prés*, *Salvia pratensis*, qui est plus petite et dont les feuilles, cordées à la base, sont réticulées et d'un vert foncé, les fleurs d'un bleu intense.

Nous trouvâmes surtout en abondance la *Sauge sclarée*,

Salvia sclarea, qu'on appelle aussi *Orvale* et *Toute-bonne*, dont les fleurs bleues entourées de longues bractées et disposées sur les rameaux en épis dont la réunion forme une panicule, font un si joli effet dans les parterres.

Tout en constatant à quel genre appartenait chacun des individus que nous rencontrions et en les recueillant, en plus ou moins grande quantité suivant leurs vertus, nous nous informions auprès de mademoiselle Herbeau de ce qu'il nous était utile de savoir touchant les propriétés des *Salviées*.

— La sauge, nous dit la bonne demoiselle, est une des labiées aromatiques dont le principe est le plus actif. Elle agit fortement comme tonique, stimulant et stomachique ; elle est aussi antispasmodique et carminative.

— Carminative? interrogea Claire.

— Eh, oui, carminative, ce mot vous surprend-il?

— Un peu, j'en conviens.

— Et vous, Camille et Louis, qui savez le latin, vous étonne-t-il autant que Claire?

— Je connais bien, répondis-je, le verbe *carminare* qui, en latin, signifie nettoyer; mais j'avoue que je ne vois pas bien ce que peut signifier l'adjectif nettoyante, s'il était appliqué à la sauge. A moins que... ajoutai-je.

— Non, ce n'est pas cela, les plantes aromatiques sont très rarement purgatives; les carminatifs détruisent les flatuosités autrement dit. Vous rappelez-vous le mot de l'énigme proposée par M. Beaugénie au *Mercure galant* dans la comédie de Boursault? — Oui. — Eh bien, c'est de cela que délivrent les carminatifs.

Il ne faut pas que mes lecteurs soient étonnés que des campagnards comme nous connussent les œuvres de Boursault, cet écrivain obscur, contemporain de Molière, contre lequel il écrivit une comédie satirique. Le petit village dans lequel était située l'usine dirigée par mon père, offrait peu de plaisirs, et en eût-il offert que nous en eussions rarement profité, préférant la vie de famille à la vie mondaine.

Dans les soirées d'hiver, pendant que ma mère et les jeunes filles s'occupaient de travaux d'aiguilles, nous nous relayions, mon frère Louis et moi, pour leur faire la lecture à haute voix, nous avions, de la sorte, passé en revue les classiques français de premier et de second ordre, ainsi que quelques classiques étrangers.

Lorsque Marie eut fini de réciter l'énigme de M. Beaugénie et d'en rire, Mlle Herbeau continua :

— Les anciens prêtaient à la sauge de telles vertus curatives que l'école de Salerne composa ce vers :

« Cur moriatur homo, cui salvia crescit in horto ? »

« Homme, tu crains de mourir, quand la sauge croît dans ton jardin ? »

Il est vrai qu'un philosophe répondit :

« Contra vim mortis, non est medicamen in hortis. »

« Contre la force de la mort, les jardins n'ont point de remède; » mais cette réponse du philosophe, si vraie qu'elle fût, ne diminua en rien la confiance de l'antiquité dans la sauge.

La Toute-bonne n'est pas seulement du domaine de la pharmacie, elle peut aussi entrer à l'office. Ses feuilles servent à préparer une infusion théiforme des plus agréables, ou peuvent donner à un vin blanc ordinaire le bouquet du muscat.

Si vous aimez la compote d'ananas et que vous désiriez concilier votre friandise et l'économie, voici une recette bien connue des ménagères espagnoles :

On enferme des pommes de reinette dans une caisse pleine de feuilles de sauge et hermétiquement close ; on les y laisse pendant quinze jours ; au bout de ce temps, on les sort pour en faire une compote dont le goût est celui de l'ananas.

— Ce n'est pas bien difficile, dit Laure ; nous pourrons essayer cet hiver.

Cet essai exigeant une quantité assez considérable de feuilles de sauge, nous nous mîmes avec ardeur à la cueillette, ce qui nous amena dans le voisinage d'une plante à jolies fleurs roses que Marie crut reconnaître pour un *phlox*, bien qu'elle n'y ressemblât que de très loin et que la famille fût bien différente de celle du phlox.

Quant à moi, j'étais certain d'être en présence d'une *Caryophyllée* que je croyais même reconnaître, mais que j'étais surpris de trouver près des sauges, ne l'ayant rencontrée jusqu'alors que dans des lieux frais ; j'en appelai à l'infaillibilité de notre amie en ces matières.

— Sans voir la plante, dit-elle, je sais que ce n'est pas un phlox, le phlox ne pousse pas spontanément ici. En l'examinant de près, je vois que les feuilles opposées, marquées de trois nervures, partent de nœuds très caractéristiques rappelant ceux des tiges de l'œillet ; que la fleur se compose d'un calice tubuleux à cinq divisions, différant seulement de celui de l'œillet par l'absence de bractées; de cinq pétales à long onglet, de dix étamines libres : c'est bien évidemment une caryophyllée que nous avons là. Sa tribu est celle des *Silénées;* son nom est *Saponaire*, *Saponaria officinalis.*

Elle doit ce nom à une substance particulière, la *saponine*, qui mousse dans l'eau et dans l'alcool.

Ses tiges, ses feuilles et surtout sa racine sont employées en médecine comme fondantes, dépuratives et diurétiques.

Dans l'économie domestique et l'art du dégraisseur, la saponaire sert à nettoyer les étoffes de laine que le savon endommagerait.

Tout en gagnant le coteau, à travers les prés humides, nous trouvâmes toutes les variétés de menthe propres à nos climats; il n'y avait pas même à les chercher, tant elles étaient abondantes, surtout le *Pouliot*, *Mentha pulegium*, qui chez nous remplace la *Menthe poivrée*, commune en Angleterre, mais introuvable en France ailleurs que dans les jardins.

La côte sablonneuse nous offrit, non plus des menthes qui aiment l'humidité, mais le *Serpolet* ou *Thym sauvage*, *Thymus serpilium*, l'*Origan* ou *Grande majordaine*, *Origanum vulgare*, reconnaissable à ses feuilles plus grandes que celles du serpolet et à ses verticilles de fleurs munis de larges bractées colorées.

L'infusion des fleurs d'origan est, dit-on, efficace contre la migraine.

Côte à côte, croissaient dans le sol sablonneux et pierreux l'*Hysope* et la *Germandrée.*

L'hysope, *hysopus officinalis*, élevait ses fleurs d'un beau bleu en épi unilatéral, au-dessus des feuilles sessiles finement ciliées et ponctuées de blanc.

Toute la plante exhale une odeur aromatique agréable. Elle s'emploie en infusion et fournit une eau distillée et un sirop. Nous ne devons pas dédaigner l'hysope, dans notre climat parisien si propre à déterminer le catarrhe des bronches, car il est également efficace contre la toux, l'asthme et le catarrhe. Il agit comme incisif et comme stimulant.

La germandrée que nous avions sous les yeux était le *Petit-chêne*, *Teucrium chamædrys*.

Les autres, nous dit Mlle Cécile, habitent soit les bois, soit les lieux humides.

Celle des bois est le *Teucrium scorodonia*, *Germandrée sauvage* ou sauge des bois; elle porte des fleurs blanches, solitaires et pédicellées. Dans les lieux humides, on trouve la *Germandrée maritime*, *Teucrium marium* et le *Teucrium scordium*, *Germandrée aquatique* ou *Herbe aux chats*.

Ce sont ces deux dernières que la médecine emploie de préférence. L'infusion de germandrée est conseillée dans les fièvres intermittentes. La première a des fleurs pourprées à calices très petits, velus et blanchis. Elle exhale une odeur fortement camphrée; l'huile essentielle qu'on en extrait par distillation contient une proportion de camphre assez forte, bien qu'inférieure à celle de l'huile essentielle du romarin. L'autre, dont le nom, *scordium*, dérive d'un mot grec qui signifie ail, lui a été donné à cause de l'odeur alliacée qu'elle dégage lorsqu'on la froisse entre les doigts, porte des fleurs rougeâtres, pédonculées, solitaires, à calice campanulé. Elle est stomachique et antiseptique ; elle fait partie de l'électuaire diascordium.

Nous ne prîmes de germandrées que pour nos herbiers ; leur huile essentielle ne pouvant être obtenue que par distillation, nous n'étions pas en état d'en tirer parti, et le pharmacien du village ne l'était pas plus que nous.

Nous ne tardâmes pas à voir, au bord du sentier que nous avions pris pour regagner la route, les larges feuilles et les fleurs violettes de la *Bardane.*

Nous avions entendu dire que la décoction préparée avec la bardane empêchait les cheveux de tomber, question intéressante pour des jeunes filles ; aussi Claire et Laure ne manquèrent-elles pas d'interroger Mlle Herbeau à ce sujet.

Celle-ci n'avait jamais entendu parler de cela, tout ce qu'elle savait sur la bardane, *Lappa*, c'était que l'infusion sudorifique préparée avec ses feuilles était employée dans certaines maladies de peau. Elle termina en nous demandant quelle était la famille de la bardane.

Nous répondîmes que c'était celle des *Composées.*

— Voici encore une composée, dit Claire en montrant une plante aromatique dont l'odeur rappelait celle de la camomille et qui abondait le long du chemin.

— Oui, dit la vieille demoiselle, c'est la *Tanaisie*, *Tanacetum*, dont les sommités fleuries sont vermifuges.

— Marthe appelle ça l'*Herbe aux puces*, dit Marie ; elle en a mis plein la niche des chiens.

Le nom que t'a dit Marthe est bien celui que donne le vulgaire à la plante que nous avons sous les yeux, il lui vient de la propriété qu'elle a d'éloigner ce désagréable insecte; il faut cependant la mêler à des feuilles de noyer pour qu'elle soit tout à fait efficace. Tu pourras engager Marthe à ajouter des feuilles de noyer à la tanaisie qu'elle a mise dans la niche de Riquet et de Lisette; les deux bonnes bêtes n'en seront que plus à leur aise cet été.

Maintenant je demanderai un petit bout d'analyse au sujet des caractères botaniques de la tanaisie.

En réponse, je pris la parole en ces termes : la tanaisie n'a pas d'aigrette et le réceptacle est nu, ce qui la range dans le deuxième groupe de la tribu des *Corymbifères*. L'involucre est imbriqué, les fleurs sont flosculeuses, elles forment un corymbe serré; le fruit est un akène couronné d'une membrane courte. La tige est droite et striée, les feuilles pennées et dentées en scie. Tels sont du moins les caractères principaux que l'examen de la plante me révèle.

— Je connais aussi cette autre composée, dit Claire, du moins il me semble, en voyant le duvet blanchâtre dont elle est couverte. Ses fleurs jaunes en capitules globuleux dont la réunion forme une longue panicule, c'est l'*Armoise absinthe*.

Artemisia absinthium (grande Armoise).

— C'est bien l'*Artemisia absinthium*, *Grande armoise* ou *Aloyne*. On l'emploie en extrait, en teinture aqueuse, vineuse ou alcoolique; elle est stomachique, fébrifuge, antihelminthique.

— Cette jolie fleur bleu pâle si délicate est encore une composée, dit à son tour Louis, mais elle ne doit pas être de la même tribu, puisque ses fleurs offrent des demi-fleurons seulement.

— Non, Louis, répondit Mlle Cécile, et si vous savez le nom

Cichorium intibus (Chicorée sauvage).
a, fleurs ; *b*, pétale ; *c*, style et stigmate bifide ; *d*, demi-fleuron ; *e*, racine et feuilles inférieures spinnatiséquées.

de cette plante, comme vous devez le savoir, vous devinerez facilement celui de sa tribu.

— Je crois que c'est la chicorée, la tribu serait alors celle des chico..., *Chicoracées*.

— En effet. La *Chircorée sauvage*, *Cichorium intibus*, se mange en salade et sert à préparer une tisane amère. Sa racine, torréfiée et moulue, donne cette abominable poudre noirâtre dont l'infusion, désagréable au goût, est laxative, ce qui n'empêche pas certaines personnes de la mêler au café. Pouah!

— Regardez, mademoiselle, ce beau cerfeuil, voyez comme il y en a, il est bien plus touffu que celui du jardin, disait Marie, commençant une autre récolte.

Notre conductrice appela notre attention sur la plante cueillie avec tant d'empressement par l'enfant.

C'est, nous dit-elle, l'*Anthriscus sylvestris*, ou *Chærophyllum sylvestre*. Sa feuille élégante, ses fleurs blanches, en ombelle, la feraient prendre pour de vrai cerfeuil, même par des observateurs plus attentifs que Marie, si, heureusement, quelques indices révélateurs ne venaient mettre en garde contre les apparences; ainsi, la base du pétiole est légèrement engainante et garnie de poils blancs. Je ne sais s'il est aussi malfaisant qu'on le dit; toutefois, une de mes sœurs, en ayant mis dans une salade, a procuré à tous ses convives d'assez violentes crampes d'estomac pour qu'ils se crussent empoisonnés.

— Nous appelons cela de la ciguë à feuille de cerfeuil, fit Laure, mais je crois deviner, d'après ce que vous venez de dire, que ce n'est pas une ciguë.

— C'est le *Cerfeuil sauvage*, appelé aussi *Persil d'âne*, parce que ces animaux en sont très friands.

Ses tiges peuvent servir pour teindre la laine en vert.

Cette fois, voici une vraie *Ciguë*, la *Cicuta major* ou *Conium maculatum*, de la famille des *Ombellifères* et de la tribu des *Smyrnées*. Sa tige cylindrique, lisse, fistuleuse, est marquée de taches brunes; ses feuilles sont grandes, tripennées à folioles échancrées, pointues, d'un vert noirâtre, un peu luisantes en dessous. Ses fleurs blanches sont disposées, cela va sans dire, en ombelles, mais vous remarquerez que ces ombelles sont très ouvertes, munies d'un involucre réfléchi et d'involucelles à trois folioles. Le calice est presque entier, les pétales, un peu échancrés supérieurement, sont en forme de cœur.

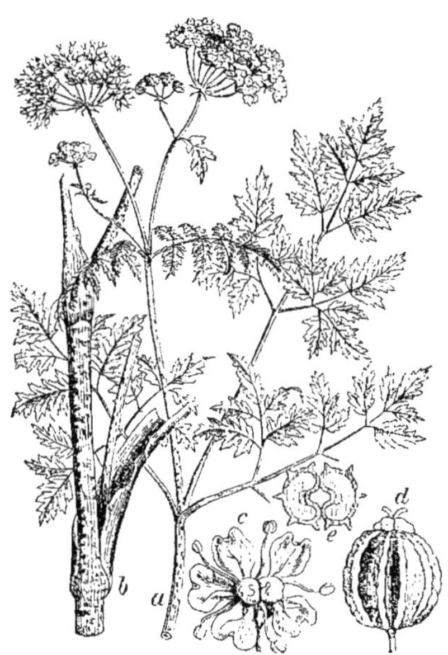

Cicuta major (grande Ciguë).
a, feuilles et fleurs; *b*, base engainante des feuilles; *c*, fleur; *d*, akène à côtes saillantes; *e*, coupe du même.

La ciguë est narcotique, vénéneuse et néanmoins fort employée en médecine. On l'administre en poudre, en extrait, en teinture, dans les affections cancéreuses et dans les engorgements des organes abdominaux.

On trouve dans les fossés et les mares la *Ciguë aquatique* ou

Ciguë vireuse, *Cicuta virosa*, qui est encore plus dangereuse que la *ciguë officinale*. Elle renferme un suc jaunâtre également malfaisant pour l'homme et les animaux.

Le *pouliot* croissait là en abondance. Comme la menthe fait partie d'un grand nombre de préparations pharmaceutiques, nous pensâmes que Madeleine pourrait en placer une petite provision, si nous la lui faisions, ce à quoi nous nous empressâmes, à l'envi, pendant que Mlle Herbeau, tout en cueillant méthodiquement, s'informait si quelqu'un parmi nous connaissait le chinois.

Nous dûmes avouer que cette langue nous était inconnue, et nous demandâmes ce que le chinois avait à faire avec notre occupation actuelle.

— Nous aurions pu savoir comment on dit pouliot dans cette langue.

— Vous le savez? fit Laure.

— Oui : le pouliot s'appelle, en Chine, *Pou-ho*.

— C'est bien la peine d'apprendre les langues! s'écrièrent Louis et Claire, et nous ne pûmes nous empêcher de sourire de leur exclamation.

— Voyez-vous, nous dit un peu plus loin notre vieille amie, cette labiée à fleurs purpurines dont la corolle est deux fois plus longue que le calice, dont les feuilles oblongues et pétiolées sont rudes au toucher?

J'insinuai que, d'après mes souvenirs, ce devait être la *Bétoine*.

— C'est en effet la *Betonica officinalis;* on la fume et on la prise comme le tabac. Son action sternutatoire est purement

19

mécanique; elle est due au picotement produit dans les narines par les poils rudes dont les feuilles sont couvertes.

Nous rencontrâmes, le même jour, un autre sternutatoire qui est en même temps un poison violent: le *Vératre*, *Veratrum*

Urtica dioica (Grande Ortie).

album, de la famille des *Colchicacées*, appelé vulgairement *Varaire* et *Hellébore blanc*.

Cette plante renferme une substance particulière, la *vératrine*, à laquelle elle doit ses propriétés.

Comme elle est très dangereuse, nous la regardâmes afin de la reconnaître à l'avenir; mais nous n'en prîmes pas même un échantillon pour les herbiers. Cela, bien à contre-cœur; mais Mlle Herbeau ne voulut permettre à personne d'y toucher.

Cette petite étourdie de Marie, en voulant prendre quelques lychnis dioïques pour les mettre en bouquet, se fourra les deux mains au beau milieu d'une touffe d'*ortie* dont elle s'écarta tout aussitôt, en jetant les hauts cris et en abandonnant les jolies fleurs blanches qu'elle avait convoitées.

Les mains de l'enfant furent bientôt couvertes de cloques douloureuses.

Il faut mettre des gants, petite Marie, quand on veut cueillir des orties, fit Mlle Herbeau; puis se tournant vers nous, tout en caressant la petite pour la consoler de sa mésaventure :

— La *Grande Ortie*, *Urtica dioica*, poursuivit-elle, passe pour diurétique et astringente.

Vous pouvez voir que ses feuilles sont couvertes de poils. C'est le liquide caustique contenu dans le petit renflement par lequel ces poils sont terminés, qui cause l'inflammation dont Marie souffre en ce moment, comme tous ceux qui vont, à l'étourdie, mettre leur peau en contact avec des feuilles d'ortie.

On prétend que la causticité de ce suc et l'action de l'ortie sont dues à la présence du bicarbonate d'ammoniaque.

Les urticées sauvages sont, en réalité, de peu d'utilité, mais celles qu'on cultive sont précieuses : ce sont le *mûrier*, le *houblon* et le *chanvre*.

A propos de houblon, j'ai oublié de vous dire qu'en certains pays on le remplace par la sauge, dans la fabrication de la bière.

Tout en causant des plantations de mûriers de la Lombardie

et du midi de la France, des houblonnières dont les émanations fortifiantes rendent la santé aux individus débiles, du chanvre ainsi que de la substance enivrante appelée *haschich* qu'en extraient les Orientaux, puis des procédés de rouissage, de filage et de tissage des divers pays dans lesquels le chanvre est cultivé comme plante textile, nous arrivâmes, sans nous apercevoir de la longueur de la route, jusqu'à la porte de l'usine, sur laquelle Marthe guettait notre retour.

VIII

AOUT

L'excès des chaleurs
A brûlé nos plaines,
A séché nos fleurs,
Tari nos fontaines.

— Alors, nous ne trouverons plus rien? s'écria Claire.

— En dépit des quatre lignes de prose rimée de Mme Deshoulières, j'espère bien que les fleurs ne sont pas toutes mortes, repartit la vieille demoiselle; au reste, c'est ce que nous allons voir.

— En avant, marche! cria Louis qui brandit sa canne, et il partit au pas relevé, fredonnant une marche de clairon, suivi de Marie qui l'accompagnait de sa voix d'enfant, claire comme un son de clochette, et de toute la caravane.

Nous partions toujours de très bonne heure, afin de jouir de la fraîcheur matinale. Rien de riant comme la campagne verte qui s'étendait devant nous, encore baignée de rosée dans la clarté du jour naissant, et comme, à l'âge que nous avions, on est plus sensible au charme de vivre qu'à la poésie de la nature, nous faisions comme les fleurs et les petits oiseaux, nous nous redressions, nous aspirions joyeusement l'air frais que nous remplissions de nos rires sonores, heureux de nous sentir libres dans la libre nature. Notre bonne voisine, loin d'entraver l'expression de notre gaieté, y prenait au contraire gracieusement part.

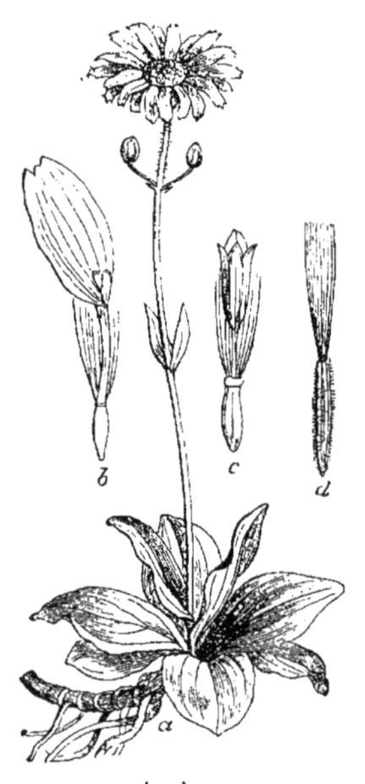

Arnica.

a, feuilles radicales; *b*, demi-fleuron; *c*, fleuron ; *d*, akène aigretté.

— Si nous étions dans une région montagneuse, nous dit-elle, dans un moment où nous étions tous devenus silencieux, nous trouverions, vers 1800 mètres d'altitude, l'étoile jaune du bienfaisant *arnica*, les casques bleu sombre de l'aconit et toutes les espèces de gentianes, depuis la *Gentiane acaule* à fleurs bleues, jusqu'à la *Gentiane jaune*, *Gentiana lutea*, dont la racine sert à préparer des extraits, des solutions vineuses ou sirupeuses, ou simplement une infusion dont l'action tonique et stomachique est souvent d'un grand secours dans les convalescences difficiles.

— Mais nous ne sommes pas dans la montagne, fis-je, non sans pousser un soupir, car mon secret désir était de faire un voyage en Suisse et en Savoie ; un voyage de touriste, le sac au dos, la boîte de botaniste en bandoulière, le bâton ferré à la main.

— Comme tu dis cela tristement! remarqua Laure ; si tu n'as pas ici les spectacles grandioses de la nature, tu as notre compagnie, cela vaut bien quelque chose, n'est-il pas vrai, chère Mademoiselle? ajouta-t-elle en se tournant vers Mlle Herbeau.

Celle-ci me regarda avec un sourire, puis reporta les yeux sur Laure, et je ne sais pourquoi ce double regard arrêta sur mes lèvres cette réponse prête à s'envoler, que la compagnie de Laure valait toutes les beautés de la nature.

Marie demanda pourquoi certaines plantes poussaient un peu partout, et d'autres seulement à certains endroits, et s'il n'y avait réellement pas d'arnica ni de gentiane dans les environs de Paris.

Mlle Herbeau lui expliqua que le genre des plantes d'un climat est déterminé par la nature du sol, par la température, par l'humidité plus ou moins grande, et lui dit que ni l'arnica ni la gentiane officinale ne font partie de la flore parisienne, mais que nous avons plusieurs espèces de gentianes, entre autres celle qu'on appelle *Petite Centaurée*, dont nous parlerions dans la suite.

— Aujourd'hui, ajouta la vieille demoiselle, il faut d'abord nous occuper de certaines plantes que nous avons négligées jusqu'ici et qui seront défleuries dans un mois.

Je citerai au premier rang un lin, le *Linum catharticum*. Il aime les pelouses, les prairies, les bois ombreux ; nous le rencontrerons très probablement sans nous déranger de notre chemin.

Le *linum catharticum* est purgatif ; il est de la petite famille des *Linées*, dont nous n'aurons pas occasion de nous entretenir de nouveau, du moins à ce que je crois, et dont je vais vous parler tout en cheminant, si cela ne vous ennuie pas.

— Nous ne nous ennuyons jamais d'étudier, dit Claire.

— Tout ce que vous dites nous intéresse, fit Laure en même temps.

C'était au fond la même réponse, sauf la nuance due au caractère particulier de chacune des jeunes filles, et ce que je trouvai le plus singulier, c'est que la phrase la plus froide avait été accompagnée du sourire le plus aimable ; la phrase la plus aimable, de l'air de visage le plus sérieux. J'allais tomber dans une foule de réflexions sur la politesse acquise et la politesse naturelle, lorsque notre amie me tira de mes rêveries, pour me demander si je pouvais indiquer les caractères botaniques de la famille des Linées.

Je dis donc ce que je savais, c'est-à-dire que les Linées sont ordinairement herbacées, que leurs feuilles, sessiles, entières, sont éparses ou alternes, et quelquefois même opposées. Que leur fleur régulière offre cinq sépales persistants, une corolle à cinq pétales caducs, portés sur un petit onglet et à préfloraison contournée. Les étamines sont au nombre de cinq, leurs filets sont réunis à la base par un petit anneau. L'ovaire surmonté de cinq styles est une capsule divisée en cinq loges, lesquelles sont à leur tour subdivisées, par une fausse cloison, en deux logettes renfermant chacune une graine plate, lui-

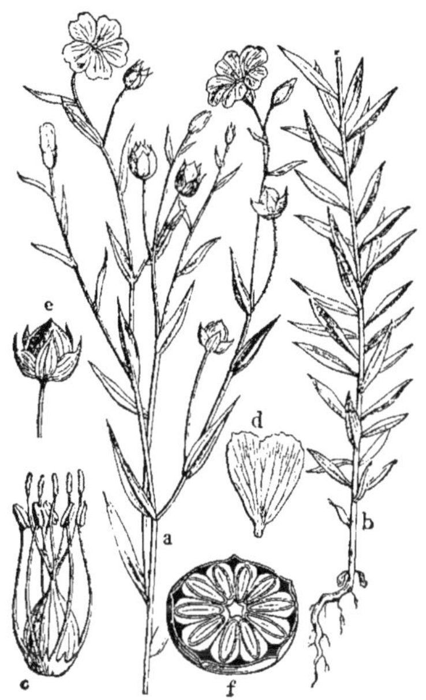

Linum usitatissimum (Lin cultivé).

a, fleurs; *b*, tige et racine; *c*, ovaire, styles, étamines; *d*, pétales; *e*, fruit et calice persistant; *f*, coupe horizontale de l'ovaire.

sante, d'un gris brunâtre particulier qu'on appelle gris de lin.

Quelques linées ont quatre sépales, quatre pétales, quatre étamines, etc. Toutes figurent parmi les plantes textiles et les plantes oléagineuses.

— Ce qui les rend doublement intéressantes, comme vous voyez, conclut Mlle Cécile.

— Il a dit quelque chose que je n'ai pas compris, fit Marie; il a parlé de préfloraison : qu'est-ce que c'est ?

— C'est la disposition qu'affecte la fleur dans le bouton, avant son épanouissement.

Revenons au lin purgatif dont les feuilles sont opposées, la tige filiforme et rameuse, la fleur petite et blanche; puis nous parlerons un peu du *Lin cultivé*, *Linum usitatissimum*, dont les délicates fleurettes bleu d'azur ont servi si souvent de terme de comparaison aux poètes et aux romanciers, au temps où les blondes mélancoliques avec de doux yeux bleus étaient à la mode en littérature.

Aujourd'hui, la mode est changée, on préfère...

— Bon! fit la vieille demoiselle, s'interrompant avec un sourire, de quoi vais-je m'embarrasser là? Revenons au lin, et laissons les poètes chanter le genre de beauté qu'ils voudront, n'est-ce pas, Pétrarque?

Je déclarai que cela m'était tout à fait égal.

Marie nous apprit qu'elle préférait à tous les autres les yeux bleus comme ceux de maman, mais qu'elle aimait beaucoup les yeux noirs comme ceux de papa, et qu'elle trouvait aussi très jolis les yeux gris comme ceux de Claire, d'où elle passa au récit de la grandeur et de la décadence d'une bordure de lin qu'elle avait semée dans le jardin, ce qui nous ramena au sujet primitif de l'entretien dans lequel notre amie rentra comme il suit :

— La graine de lin fournit, vous le savez, une huile qui sert à différents usages, notamment à broyer et à délayer les couleurs pour la peinture. On la préfère aux autres huiles pour cet usage, parce qu'elle est plus siccative, qu'elle sèche plus vite, ajouta Mlle Herbeau, en réponse à un regard de Marie.

La farine de graine de lin est employée comme émollient, sous forme de cataplasmes. On utilise encore cette graine en décoction, dans les inflammations d'intestins. Lorsqu'on veut boire cette décoction, on la fait légère ; on la fait au contraire concentrée lorsqu'on veut la prendre en... c'est-à-dire lorsqu'on ne veut pas la boire.

Marie se mit à rire :

— Je sais, dit-elle.

— Le mucilage obtenu par la décoction de la graine de lin a été analysé par le chimiste Vauquelin, qui y a trouvé : de la gomme, une matière azotée, de l'acide acétique libre, des acétates, des sulfates et des phosphates de potasse, du chlorure de sodium, autrement dit du sel marin et de la silice.

— Comment, s'écria la sémillante petite femme, personne ne se récrie, personne ne m'arrête ! Il me semble pourtant que je deviens un peu bien dogmatique à propos des Linées. Heureusement que je me souviens à temps de ce grand principe : Qui ne sut se borner.....

— Ne sut jamais écrire, achevai-je.

— Oui, mais ce n'est pas tout à fait ainsi que j'allais terminer le vers, peu importe ; je me hâte d'en finir avec le lin.

Le rouissage, le teillage, etc., etc., se font par les mêmes procédés que pour le chanvre, et pour ce qui a trait au *Linum catharticum*, son principe actif est contenu dans les feuilles.

Maintenant, petite Marie, prends cette insignifiante petite plante à fleurs jaunes et regarde les feuilles comme si tu voulais voir au travers : qu'aperçois-tu?

— Je vois beaucoup de petits trous.

— En effet, et c'est à cette multitude de petits points translucides qui semblent autant de trous, que cette plante doit le nom de *Millepertuis*, pertuis signifiant trou, en vieux français.

Le millepertuis, *Hypericum perforatum*, est le type de la famille des *Hypéricinés* ou *Hypéricacées*.

Les points translucides que vous avez remarqués sur ses feuilles sont de petites glandes qui sécrètent une huile essentielle ; on en trouve également sur les pétales, ils constituent le plus saillant des caractères botaniques de la famille des Hypéricinées, famille si peu importante que nous ne nous y arrêterons pas davantage.

Nous devons dire pourtant que les sommités d'hypericum entrent dans la composition de la *thériaque,* et que l'*Androsème officinale*, *Androsæmum officinale*, laquelle ne diffère du millepertuis que par la forme de son fruit et le nombre des faisceaux d'étamines, était employée jadis comme tonique et vulnéraire.

— Si je ne me trompe, voici une *Bourrache* (1), dit Louis en nous montrant une plante hérissée de poils raides dont les feuilles inférieures étaient pétiolées, les feuilles supérieures sessiles, les fleurs d'un beau bleu éclatant avec un pinceau de

(1) Voir la figure dans le mois de novembre.

poils surmontant les écailles qui protégeaient la gorge de la corolle.

— Une bourrache? non, Louis, mais une *borraginée*, la *Buglosse officinale*, *Anchusa*, dont les propriétés curatives sont actuellement très discutées. C'était encore une oubliée du mois de mai, la dernière ; nous n'avons plus à nous occuper maintenant que des plantes dont la floraison a lieu en ce mois.

Jusqu'ici, nous avons dû diriger nos promenades, tantôt vers le bois, tantôt vers les champs ou les prés, pour trouver ce que nous cherchions ; il n'en est pas de même aujourd'hui : les plantes assez robustes pour résister au brûlant soleil d'août ne choisissent guère leur terrain, elles viennent partout où le sol a conservé assez d'humidité pour que la végétation y soit possible.

— Regardez, Mademoiselle, la jolie plante, disait Marie, on dirait du velours, c'est doux, doux quand on la touche, et elle passait le bout des doigts sur la tige et les feuilles d'une grande plante à tige droite, robuste, dont les feuilles inférieures étaient atténuées en pétioles, les autres feuilles sessiles et d'autant plus petites qu'elles occupaient sur la tige une position plus élevée. Toute la plante était couverte d'un doux et fin duvet blanc qui donnait, en effet, au toucher, l'impression du velours.

Les fleurs, jaune pâle, à corolle petite et rosacée, à cinq lobes inégaux, étaient réunies en petits paquets sessiles formant un long épi terminal.

Laure dit que c'était du *Bouillon-blanc* et qu'elle allait en prendre, parce que l'infusion des fleurs de bouillon-blanc est pectorale.

— Laure, ma chère enfant, s'écria Mlle Herbeau, ramassez de ces fleurs autant qu'il vous plaira, mais n'allez pas écrire bouillon-blanc, sur le bocal dans lequel vous les enfermerez, on vous prendrait pour une ignorante!

Mettez sur l'étiquette : *verbascum thapsus*, et un peu au-dessous en caractères plus fins : *molène officinale*. Si vous tenez absolument à ajouter bouillon-blanc, que ce soit entre parenthèses et en caractères minuscules.

Les bocaux de l'herboristerie de Laure consistant, pour l'instant, en enveloppes de papier gris, il n'importait guère qu'elle les étiquetât d'une manière ou d'une autre, pourvu qu'elle s'y reconnût ; elle n'en promit pas moins de se conformer à la recommandation de la vieille demoiselle.

Cette plante « en velours », comme dit Marie, est de la sinistre famille des *Solanées* ou *Solanacées*, si riche en plantes empoisonnées.

La stramoine, *Datura;* la jusquiame, *Hyosciamus;* la belladone, *Atropa;* le coqueret, *Physalis alkekengi*, qu'on administre contre la goutte et que certains malades ne peuvent supporter; le tabac, *nicotiana;* toutes les morelles, *solanum*, depuis la douce-amère jusqu'à la morelle noire, en passant par la jaune, la rouge et la verte, sont des solanées.

Il est vrai qu'à cette même famille, appartiennent la pomme de terre, la tomate, l'aubergine et le piment, qui sont comestibles.

Vous auriez tort de penser pourtant que tous quatre manquent à leurs traditions de famille : la feuille de la tomate renferme un principe âcre ; l'aubergine a besoin d'être égouttée pour n'être pas désagréable ; le piment détermine rapidement l'inflammation des voies digestives ; et quant à la Pomme de

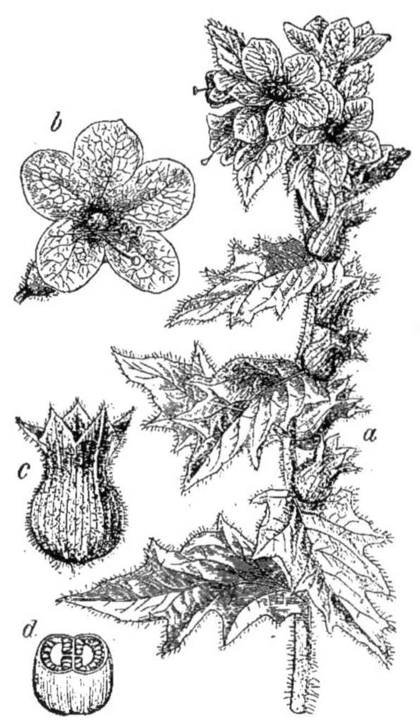

Hyosciamus (Jusquiame).
a, tige ; *b*, fleur ; *c*, calice ; *d*, fruit.

terre, *Solanum tuberosum*, cette plante si éminemment utile, si vous mangiez ses baies, vous pourriez en éprouver quelques accidents.

La *jusquiame* et la *belladone* sont assez étranges pour qu'on conçoive contre elles quelque défiance ; l'une morne, à feuilles velues, à fleurs gris jaunâtre, striées et ponctuées de violet sombre, est rare dans nos parages ; je l'ai pourtant rencontrée dans le bois de Boulogne (1). L'autre porte des fleurs d'un violet livide rayé de brun ; nous ne l'avons pas ici ; on la voit à Compiègne et à Saint-Germain, où elle est peu commune. Ses jolis fruits sont plus engageants que ses fleurs ; les chèvres en sont friandes et les mangent sans danger, mais malheur au berger imprudent qui veut imiter son troupeau ! L'*atropine*, ainsi s'appelle la matière particulière découverte dans la belladone par les chimistes, est mortelle pour l'homme, même à une dose assez faible.

Tu vois, petite Marie, combien il est dangereux de goûter les fruits qu'on ne connaît pas, et de mettre des fleurs dans sa bouche.

Quant au *datura*, qu'on cultive pour ses longues fleurs d'un blanc pur ou d'un violet clair, il ne croît spontanément en France que par accident. On le suppose originaire des bords de la mer Caspienne. Je ne déciderai pas la question, mais je sais qu'il pousse en grande abondance dans toute l'Amérique du Sud.

Toutes les solanées contiennent un principe narcotique plus ou moins âcre ; quelques-unes, comme la belladone, agissent sur la vue en dilatant la pupille ; toutes aussi sont extrêmement dangereuses, souvent mortelles quand elles sont administrées légèrement.

(1) Voir la figure dans le mois de novembre.

— Même le *tabac?* demanda Louis.

Il aspirait au jour heureux de ses quinze ans pour avoir la permission de fumer.

— Même le tabac. Les fumeurs ne savent pas combien ils nuisent à leur santé en s'abandonnant à cette passion, car c'en est souvent une.

— Mais si l'on ne fait pas d'excès? insista Louis.

— Alors il n'y a pas de danger, mais qui peut répondre de rester dans les limites d'un goût innocent?

Je changeai de conversation, ce sujet était particulièrement pénible à notre vieille amie, le plus jeune de ses frères, celui qu'elle aimait entre tous, ayant succombé tout jeune encore à une maladie déterminée par l'abus du tabac, et je me jetai dans des détails techniques touchant la famille des Solanées en général et la *morelle officinale*, *solanum nigrum* (1), en particulier. Je dis que les Solanées sont toutes des plantes herbacées à feuilles toujours alternes, à fleurs en général axillaires, mais naissant un peu au-dessus de l'aisselle des feuilles, avec un calice monosépale à cinq divisions, une corolle monopétale à cinq lobes, affectant le plus souvent la forme d'une roue, comme dans le verbascum, d'une cloche comme dans la belladone, d'une coupe ou d'un entonnoir comme dans le datura et le tabac; cinq étamines alternant avec les divisions de la corolle; un seul style portant un stigmate simple et terminant un ovaire unique qui devient tantôt une baie, tantôt une capsule.

(1) Voir la figure dans le mois de novembre.

Mlle Herbeau nous permit de cueillir de la *douce-amère* et de la *morelle noire* qui s'administrent en infusion comme apéritifs; puis nous gagnâmes le ruisseau, tant pour nous rapprocher du logis que pour trouver la *salicaire*, *lythrum salicaria*, plante astringente et vulnéraire de la famille des *Lythrariées*.

Solanum dulca-amara (douce-amère).

a, branche fleurie; *b*, pétales renversés pour montrer les étamines.

La salicaire est cette plante bien connue qui dresse ses épis de fleurs roses au bord des étangs, des ruisseaux et sur la lisière des prés humides.

Sa tige, qui a rarement moins de cinquante centimètres et qui en atteint souvent quatre-vingts, est couverte de poils noirs, peu serrés, imitant le duvet; elle offre quatre ou six angles.

Les feuilles sont opposées ou verticillées par trois, le calice est hérissé, accompagné d'un calicule; la corolle est formée de six pétales insérés au sommet du tube du calice, un peu au-dessus des étamines, et l'ovaire libre devient une capsule à deux ou quatre loges.

Nous étions demeurés d'accord, il n'y avait pas vingt minutes, qu'on ne doit jamais toucher une plante sans savoir qui elle est; Mlle Herbeau était donc fondée à croire que Claire et Laure connaissaient la salicaire en les voyant toutes deux armées d'un gros bouquet lorsque nous arrivâmes, un peu après elles, au bord du ruisseau.

Papaver album (pavot blanc).

Elles la connaissaient, comme on dit, sans la connaître, parce que tout le monde en faisait des bouquets dans le pays. Et puis, ajoutait Laure, cela n'a pas du tout l'air empoisonné.

— Quand même, appuyait Marie, toujours prête à défendre l'infaillibilité de Laure, il n'y a qu'à ne pas mettre les fleurs ni ses mains à sa bouche; comme cela, il n'y a pas de danger, et pour prouver combien elle était apte à prendre ces précautions, elle passait ses doigts sur ses lèvres tout en parlant.

La chaleur commençait à devenir insupportable dans les prés, sans ombre. Nous suivîmes la berge jusqu'à la hauteur du gué afin de rentrer par le plus court chemin. Nous traversâmes la petite rivière en sautant de pierre en pierre, non sans faire quelques faux pas et non sans nous éclabousser mutuellement plus que nous n'en avions l'intention.

Mlle Herbeau nous apprit que le *papaver nigrum*, qu'on cultive en grand dans le Nord sous le nom d'*œillette*, afin d'extraire l'huile de ses graines, était en fleur au mois d'août, et de là elle passa au *pavot blanc* cultivé par les Orientaux pour en extraire l'*opium*, ce qui était en situation après avoir déjà parlé des Solanées, et en traversant le jardin, dans lequel une assez jolie collection de pavots doubles commençait à dresser au-dessus des plates-bandes ses fleurs rouges, roses, violettes, lilas ou blanches.

IX

SEPTEMBRE

La vierge, qui régnait sur la voûte azurée,
Laisse à présent régner la balance d'Astrée.

— Que voilà une manière élégante de dire : le mois de septembre est venu? Il n'y a que vous, chère Mademoiselle, pour trouver des vers aussi pompeux, fit ma mère, tout en serrant la main à la nouvelle arrivée et en lui offrant un fauteuil.

— Léonard, l'auteur de ces deux vers, a dû être bien satisfait, n'est-il pas vrai? répondit Mlle Cécile.

— Oui, surtout s'il était moins difficile sur la rime que ne l'est M. Théodore de Banville.

— A parler vrai, azurée et Astrée rimant ensemble font songer à sublime et hymne placés par Lamartine au bout de deux vers qui avaient la prétention de rimer.

Le groupe des excursionnistes prêt au départ laissa échapper un éclat de rire.

La vieille demoiselle se leva, prit congé de ma mère, et nous partîmes en passant par le jardin dont les espaliers étalaient leurs fruits à divers points de maturité.

— Il est, dit-on, des climats fortunés sous lesquels la même branche porte, à côté du fruit mûr, des fleurs épanouies et des boutons non encore éclos, disait Mlle Herbeau; il n'en est pas de même sous notre ciel inclément.

— Il est d'autres cieux plus incléments encore, fit Laure.

— Oui, mais il n'en est pas moins vrai qu'à cette heure où l'amandier, le poirier, le prunier, le pommier, le cognassier, tous les membres de la famille des *Rosacées*, nous offrent leurs fruits; où la pêche aux tons fins, veloutés et chauds réjouit nos yeux et nous invite à la cueillir, nous n'avons plus l'églantine au parfum léger, ni les roses, orgueil de nos jardins.

Si le fruit de la ronce brille déjà dans les haies comme une agate noire, à peine quelques roses d'automne, sans parfum et presque sans couleur ou quelques roses de la Malmaison, pâlies par la fraîcheur des nuits déjà longues, restent-elles sur leur tige.

Dans les champs, la plupart des plantes ont vu aussi le fruit succéder à la fleur, et notre récolte sera peu abondante.

— Comme vous êtes triste, ce matin! s'écria Claire : vous est-il arrivé quelque chose?

— Rien, chère enfant; vous êtes bonne et charmante, merci. Ma tristesse n'est pas bien profonde, tout au plus la mélancolie inspirée par l'automne dont les splendeurs peuvent être comparées aux derniers éclats de la flamme près de s'éteindre.

Sur le point de s'endormir, la nature nous jette à pleine main

ses richesses, et bientôt les bois seront dépouillés, la terre nue, l'hiver sera revenu.

— Bah! fit Louis, il sera bien temps de penser à l'hiver quand nous y serons!

— Et puis après l'hiver le printemps, n'est-ce pas? ajouta la vieille demoiselle avec un gai sourire, et sur ce dernier lieu commun qui couronne dignement la série, j'arrive au sujet préparé par mon exorde : l'heure est arrivée, Mesdemoiselles et Messieurs, de parler de la fructification.

— Eh bien, parlons-en! dis-je, et comme il nous faut bien quelques fruits pour la démonstration, voici une pêche, mûre à point, que je vous prie d'accepter ainsi que ces prunes que nous pouvons mettre dans nos boîtes en attendant les fleurs.

— Camille pense à tout! répondit Mlle Herbeau; mais que va dire maman lorsqu'elle verra cette belle pêche manquant sur ses espaliers?

— Maman dira, fit Claire, que nous l'avons sans doute cueillie pour vous l'offrir.

— Et que nous avons bien fait, ajouta Laure.

— En comparant cette pêche et le fruit de ce lupin, vous voyez que l'un est *charnu* et l'autre *sec*, ce qui vous fait connaître les deux grandes classes dans lesquelles rentrent tous les fruits.

Les fruits charnus ne s'ouvrent pas; ils comprennent la *drupe* et la *baie*.

Parmi les fruits secs, les uns contiennent peu de graines et ne s'ouvrent pas, les autres renferment un nombre de graines variable et qui peut être considérable. ils s'ouvrent d'eux-mêmes à la maturité.

22

Les fruits qui ne s'ouvrent pas sont : l'*akène*, le *caryopse* et la *samare*. Ceux qui s'ouvrent sont : la *gousse*, la *silique*, le *follicule*, la *capsule* et le *pyxide*.

Les fruits peuvent être *multiples* ou *composés*.

Ils sont multiples quand ils proviennent de pistils nés de la même fleur et sont réunis sur un réceptacle commun; ils sont composés lorsqu'ils proviennent de fleurs distinctes portées par un réceptacle commun. La fraise est un fruit multiple; la mûre, l'ananas, la pomme de pin sont des fruits composés.

Après cette énumération, permettez-moi de vous indiquer brièvement ce que sont chacun de ces fruits.

— Si nous ne le permettions pas? fit Louis.

— Je vous les indiquerais tout de même, repartit notre amie, parce que cela vous est utile à connaître et qu'on doit faire ce qui est utile, en dépit même de la résistance de ceux qu'on sert.

— Mais c'est du pur despotisme, cela! m'écriai-je.

— Du despotisme humanitaire, Camille, puisqu'il a pour but votre bien.

— Sans épithète, répliquai-je.

— Sans épithète, je le veux bien et je me résigne à être considérée comme une vieille despote. Je reprends donc.

La baie est un fruit charnu qui ne renferme pas de noyau ; la drupe est un fruit charnu qui renferme un noyau.

Petite Marie, que penses-tu de la cerise, est-ce une baie ou une drupe?

— Une drupe, puisqu'elle a un noyau.

— C'est très bien.

Nous avons vu précédemment ce que c'est qu'un akène; il nous reste à parler des autres fruits secs. Le caryopse est un fruit sec à une seule graine comme l'akène, mais dont la graine adhère au péricarpe, c'est-à-dire à la partie du fruit qui l'enveloppe, de sorte qu'on ne peut l'en séparer. Ce qu'on appelle le grain du blé, du seigle, du maïs, du riz, de l'avoine, de l'orge, vous offre un exemple de caryopse. La samare est munie d'une ou de plusieurs ailes. Le fruit du sycomore, celui de l'orme sont des samares. La gousse s'ouvre en deux parties par deux fentes opposées; la silique en diffère parce qu'elle s'ouvre par quatre fentes qui séparent le dos des loges de la cloison pour former deux panneaux, et le follicule s'en distingue parce qu'il n'a qu'une seule fente verticale. La capsule s'ouvre de différentes manières; aussi dit-on que c'est un fruit sec à déhiscence variable, le pyxide s'ouvre par une fente circulaire horizontale.

Capsule du pavot.

Le fruit des Légumineuses est en général une gousse, celui du pavot est une capsule.

— Encore une minute de patience.

Le fruit comprend deux parties, l'enveloppe, appelée *péricarpe* et la *graine*.

Cette dernière est la partie du fruit qui doit donner naissance à une plante nouvelle. On y distingue des enveloppes destinées à protéger l'*embryon*, qui est la partie constitutive de la graine et dans lequel on voit trois appareils bien distincts : la *radicelle*, qui sera plus tard la racine; la *tigelle*, qui deviendra la tige; les *cotylédons*, qui, s'ils sont charnus, doivent nourrir la jeune plante à sa naissance et qui, s'ils sont foliacés, préparent les premières feuilles.

Il se joint quelquefois à l'embryon une partie charnue appelée *albumen*, destinée à fournir un aliment à l'embryon, lorsqu'il commence à se développer.

Mlle Herbeau se baissa pour cueillir une petite plante à feuillage très élégant, rappelant un peu celui des ciguës, à fruits en capsule armés d'une longue pointe qui leur donnait une vague ressemblance avec une tête d'oiseau à long bec.

— Qu'est-ce que cela, petite Marie? dit-elle.

— Je ne sais pas.

— C'est un *géranium*.

— Ça, un géranium? s'écria l'enfant d'un air douteur.

— Oui, ça! Tu trouves que cela ne ressemble pas aux beaux géraniums des corbeilles de nos jardins, et encore moins sans doute aux pélargoniums? Si tu voyais les fruits de ces belles plantes d'ornement, tu pourrais t'assurer par toi-même qu'ils ont absolument la forme de ceux-ci qui ont fait donner à la petite plante que voici le nom vulgaire de *bec-de-grue*.

— S'il m'était permis de faire de l'érudition, interrompis-je, je dirais que le nom de la famille doit venir du grec γέρανος, qui signifie grue.

— Votre érudition serait tout à fait à sa place; c'est, en effet, du nom grec de la grue que viennent les mots géranium, *géraniée* et *géraniacée*.

Toutes les géraniées ou géraniacées sont astringentes, grâce à la quantité relativement considérable de tannin qu'elles renferment.

Cette famille est assez nombreuse. Depuis avril, chaque mois a vu fleurir un de ses membres.

Le *géranium cicutarium* ou *erodium cicutarium* que nous avons ici balançait, en mai, au-dessus de l'herbe verte, ses petites fleurs violet rosé. Il ne faut pas le confondre avec le *géranium robertianum*, *herbe-à-Robert*, *herbe-à-l'esquinancie* ou *épingles à la Vierge*, auquel il se mêle. Vous pouvez voir que les tiges de ce dernier sont velues et que ses feuilles commencent à se teindre de pourpre sous l'influence de l'automne. Ses fleurs, un peu plus grandes que celles du bec-de-grue, sont plus roses et peuvent être blanches.

A en croire certains on-dit, l'herbe-à-Robert serait supérieure au quina dans les affections qui se prolongent par suite de la débilité du sujet, après toutefois que la cause première de la maladie a été détruite.

Vous pouvez encore distinguer l'herbe-à-Robert à l'odeur forte qu'elle dégage et aux pétales de la fleur, qui sont entiers et deux fois plus longs que le calice.

Elle pousse partout : dans les prés, dans les haies, dans les bois, sur le flanc des coteaux et des montagnes. C'est peut-être parce qu'elle est si commune que nous n'en faisons pas grand cas en France. Il en est autrement dans la principauté de Galles en Angleterre. On l'y recueille afin d'en préparer une teinture employée dans les maladies de la bouche et de la gorge. Elle est aussi renommée contre les affections des reins.

Une autre géraniée, le *vicat* ou *bec-de-héron*, *erodium moschatum*, est entièrement rejetée par la médecine moderne, bien que la médecine ancienne l'eût en grande considération.

Le vicat ressemble beaucoup au bec-de-grue, dont il se distingue par ses étamines dont cinq restent stériles, par ses feuilles à divisions pétiolées, par sa petitesse et par la légère odeur de musc qu'il exhale.

Cette famille renferme d'assez belles plantes pour que nous en parlions chemin faisant, et puis, usitées hier, délaissées aujourd'hui, les Géraniées seront peut-être préconisées demain; faisons donc complètement connaissance avec elles.

Géranium cultivé.

Les Géraniées ne comprenaient d'abord qu'un seul genre, celui des géraniums bientôt si nombreux en espèces qu'on dut y établir des coupes, de sorte qu'aujourd'hui on répartit les cinq cents et quelques espèces répandues sur la surface du globe en quatre tribus : les *géraniums*, les *erodiums*, les *mansonias* et les *pélargoniums*.

Ce dernier groupe fournit à la parfumerie une essence que la fraude substitue souvent à l'essence de rose, mais qu'un odorat exercé reconnaît assez facilement. Le géranium duquel on l'extrait a reçu le nom de *géranium rosat*.

Ni les pélargoniums ni les mansonias ne croissent spontanément dans nos climats; ils appartiennent aux contrées intertropicales ou à celles de l'hémisphère austral.

Au Cap, on mange les tubercules du pélargonium triste, et

les Indiens font, avec les branches du mansonia spinosa, des torches qui répandent, en brûlant, un parfum agréable, au dire des voyageurs.

Toutes ces plantes sont herbacées ou sous-frutescentes, à feuilles pétiolées, découpées en forme de main ou de plume et munies de stipules; leurs fleurs sont composées d'un calice à cinq sépales persistants, d'une corolle à cinq pétales généralement entiers, avec dix étamines à filets plats soudés à la base et dont cinq coïncident avec les pétales, tandis que les cinq autres leur sont opposées. Ce sont ces dernières qui avortent dans les érodiums. L'ovaire porte cinq pistils.

Cela dit, je m'informerai auprès de Marie d'où lui vient son air de désappointement.

— De mon bouquet de réséda, qui ne sent rien.

— C'est qu'il y a réséda et réséda, mignonne, tout comme fagot et fagot.

Celui des jardins est le *réséda odorant* qui ne pousse pas spontanément ici, et celui que tu tiens est le *reseda luteola*, réséda jaunissant, ainsi appelé parce qu'il renferme une matière tinctoriale jaune.

C'est lui que les teinturiers emploient sous le nom de *gaude;* il est en certains endroits l'objet d'une culture assez considérable. Il diffère du réséda odorant d'abord par son manque de parfum et ensuite par la longueur du calice plus court que les pétales dans la gaude, et de même longueur dans le réséda odorant. Leur famille est celle des *Résédacées*. Elle ne renferme que des plantes herbacées à feuilles alternes, à fleurs disposées en épis terminaux, et composées d'un calice à 4-7 sépales inégaux, d'une corolle formée de 4-7 pétales non moins inégaux qu'irréguliers, d'étamines dont le nombre varie de dix à quarante, de plusieurs ovaires surmontés de 3-6 styles. Le fruit est une capsule à plusieurs graines ou plusieurs follicules à une seule graine.

La jolie labiée d'un bleu violet velouté que Marie a mise au milieu de son bouquet est un *bugle*, *ajuga*, ainsi que cette autre labiée jaune ponctuée de taches de rouille, qui s'appelle *ajuga chamæpytis*, *yvette* ou *faux-pin*. Le premier est vulnéraire, le second apéritif; mais leurs propriétés sont peu marquées.

— Le premier de ces deux ajuga n'a-t-il pas d'épithète? demandai-je.

— Si, il s'appelle *ajuga reptans*, parce que la tige pousse à sa base de longs rejets rampants.

Nous remarquâmes un peu plus loin une composée dont la fleur jaune, striée de rouge en dessous, était portée sur une tige nue; les feuilles, vert sombre en dessus, étaient blanches en dessous. Mlle Herbeau nous dit que c'était l'*épervière piloselle*, *hieracium pilosella*, et nous fit voir d'autres épervières reconnaissables aux lignes rouges dont le dessous des fleurs est marqué, mais différant de la piloselle par la couleur des poils de l'involucre, noirs dans celle-ci, roux dans les autres, ainsi que par le nombre des fleurs disposées en capitules.

L'épervière piloselle n'a aucune propriété connue, seulement cette fleur solitaire au bout d'une tige nous avait frappés.

Il n'en avait pas été de même d'une crucifère à très petites fleurs jaunes, à calice non coloré, qui nous avait paru tout au plus bonne à nourrir les lapins de clapier.

Cette plante n'était autre que le *sisymbre officinal*, *sisymbrium officinale* ou *herbe aux chantres*, qu'on administre en infusion dans les cas d'aphonie, extinction de voix en style vulgaire.

Après l'herbe à l'esquinancie, rien ne venait mieux que

Malva rotundifolia (mauve à feuilles rondes).

a, branche fleurie; *b*, calice et calicule; *c*, fruit composé de carpelles réunis en un verticille; *d*, un carpelle.

l'herbe aux chantres, et les propriétés pectorales, incisives et antiscorbutiques de cette dernière n'étant nullement contestées, nous en fîmes provision, lorsque notre conductrice nous apprit combien nous avions eu tort de la dédaigner sur l'apparence.

C'est dans le groupe assez nombreux des sisymbriums qu'on range le *cresson de fontaine*, *sisymbrium nasturtium* de Linné.

Nous trouvâmes aussi la *mauve à feuilles rondes*, *malva rotundifolia*. Nous en recueillîmes parce que nous savions qu'elle fait partie des quatre fleurs pectorales. Nous hésitions devant quelques pieds dont les fleurs étaient blanches au lieu d'être roses, bien que nous n'y pussions saisir d'autre différence que la coloration des fleurs; après en avoir référé à Mlle Cécile, sûrs que c'était seulement une variété de la même espèce de mauve, nous joignîmes ces pieds au reste de notre récolte.

Notre conductrice connaissait si bien la localité et nous guidait si judicieusement que nous trouvions, pour ainsi dire sans les chercher, les plantes fleuries que pouvait nous offrir la saison.

Arrivés auprès du gué que nous avions passé si aisément le mois d'avant, nous vîmes que la rivière déjà grossie par les pluies équinoxiales était un peu trop haute pour qu'on pût sauter de pierre en pierre. Les jeunes filles ne voulant pas faire comme les paysannes qui se déchaussaient et se mettaient dans l'eau jusqu'aux genoux plutôt que de faire un détour, nous suivîmes la berge jusqu'à une passerelle établie un peu plus haut.

Nous ne fîmes pas le chemin en pure perte, car nous rencontrâmes deux scrofulariées intéressantes, la *véronique beccabunga* et la *véronique anagallis* ou *mouron d'eau*.

Les feuilles ovales, obtuses et ordinairement opposées du beccabunga rappellent assez celles du cresson pour qu'on puisse s'y tromper quand la plante ne se pare pas de ses fleurs bleu céleste veinées d'un bleu plus foncé. Ce serait une erreur regrettable de cueillir une salade de beccabunga dit *cresson de chien*, *cresson de cheval* et *salade de chouette*, car si cette plante a quelques vertus antiscorbutiques lorsqu'elle est absorbée en petite dose, elle empoisonne bel et bien celui qui l'absorbe en grande quantité.

Les feuilles du beccabunga sont pétiolées, celles de la véronique anagallis sont sessiles ; les fleurs du premier sont toujours bleues, celles de la seconde sont blanches ou roses ; il est donc facile de les distinguer l'une de l'autre. La véronique anagallis est également antiscorbutique.

Cresson de fontaine.

Marie demanda à traverser la prairie dans toute sa longueur, afin de faire un bouquet des jolis crocus lilas dont les fleurs délicates foisonnaient dans l'herbe.

Ce prétendu crocus n'était autre que le *colchique*, *colchicum autumnale*, *veilleuses, veillotte, safran bâtard, tue-chien*, *tue-loup*, etc., etc., dont les fleurs apparaissent en automne, les feuilles au printemps seulement.

Pendant que nous aidions Marie à cueillir son bouquet, nous parlâmes tout naturellement du colchique.

— Marie, nous dit Mlle Herbeau, n'est pas seule à prendre ces jolies fleurs pour des *crocus*, et pourtant, malgré la ressemblance apparente, elles ne sont même pas de la même famille. Le crocus fait partie des *Iridées;* les six sépales pétaloïdes qui entourent les étamines sont disposés bien distinctement sur deux rangs, les étamines à filets distincts, à anthères tournées en dehors sont au nombre de trois et naissent de la base des sépales, l'ovaire est à trois loges et à trois valves, il est adhérent. De plus, les feuilles naissent en même temps que les fleurs, ou même avant, et la fleur est munie d'une bractée en forme de spathe.

Colchicum autumnale (Colchique).

Dans le colchique, les feuilles ne se montrent qu'avec le fruit, la fleur n'a pas de bractées, les six sépales pétaloïdes disposés en un seul rang se réunissent en un long tube ; les étamines sont au nombre de six, d'abord dirigées en dehors, puis ensuite en dedans, à cause du renversement de l'anthère ;

l'ovaire n'est pas adhérent et chacune de ses trois loges offre plusieurs valves.

Le colchique est le type des *Colchicacées*, *Colchiquées* ou *Mélanthacées*.

Cette famille est peu nombreuse, mais elle rivalise, en propriétés toxiques, avec les plus terribles des Solanées et des Renonculacées.

Les deux individus les plus dangereux de la famille des Colchicacées sont le vératre blanc que nous avons vu en juillet et le colchique d'automne.

La racine du vératre est fibreuse, celle du colchique est bulbeuse.

Les propriétés toxiques de ces plantes sont dues à deux alcaloïdes : la *colchicine* et la *vératrine*.

Cette dernière est une poudre blanchâtre non cristallisable, dont la moindre parcelle provoque des éternuements violents. Après avoir été employée dans la pneumonie et le rhumatisme articulaire, elle a été, je crois, abandonnée.

La colchicine cristallise en fines aiguilles incolores, sa saveur est amère, elle ne provoque pas d'éternuements.

La teinture de colchique entre dans presque tous les remèdes préconisés contre la goutte, mais il faut se tenir en garde contre cette teinture, l'emploi imprudent des préparations faites avec le colchique peut amener des accidents graves et même mortels.

— Est-il vrai, demanda Louis, que les chiens peuvent s'empoisonner en mangeant les feuilles ou le bulbe du colchique, et que c'est ce qui lui a valu le nom de tue-chien sous lequel il est connu ici?

— Je ne puis vous affirmer, Louis, répondit Mlle Cécile, que le colchique soit absolument mortel pour la race canine, n'en ayant jamais fait l'expérience; tout ce que je puis vous garantir, c'est qu'il est infaillible contre la gent souriquoise. La pâte brune qu'on vend, en boîtes, sous le nom de tord-boyaux, je crois, a pour base des bulbes de colchiques pilés.

Maintenant, chers enfants, ajouta notre amie, en s'arrêtant devant notre porte, je voudrais vous dire gaiement au revoir; mais nous avons tant parlé de poisons aujourd'hui, qu'il me semble voir rôder autour de nous les ombres sinistres de Locuste et de la Brinvilliers. Je ne puis que vous répéter, en vous quittant : Méfiez-vous du colchique si joli, mais si vénéneux, n'allez pas le prendre pour le bienfaisant safran, même si, n'ayant pas eu le temps de traverser le sol à l'automne, il venait, au printemps, s'épanouir à côté des crocus et se faire prendre pour une espèce à part, le *colchicum vernalis*, qui n'a jamais existé, quoi qu'en aient pu dire certains botanistes.

Là-dessus, nous nous séparâmes.

X

OCTOBRE

Les grappes pleines et vermeilles
A travers le pampre des treilles
Découvrent l'ambre des raisins.

— C'est une gageure, n'est-ce pas? fit ma mère, juste comme Mlle Herbeau ouvrait la porte.

— Qu'est-ce qui est une gageure? demanda la vieille demoiselle.

— Ces vers.

— Ils sont de Léonard, dans une idylle intitulée : *l'Automne.*

— Ils n'en sont pas meilleurs.

— Nous y voilà! j'ai compris, vous m'accusez de choisir tout exprès de mauvais vers, afin de les citer.

D'abord, ceux-ci ne sont pas plus mauvais que bien d'autres; ensuite, étant admis que M. Pailleron ait donné la définition exacte d'un chef-d'œuvre en disant : c'est une chose qu'on lit pendant cent ou cent cinquante ans, je suis fondée à déclarer les poésies de Léonard autant de chefs-d'œuvre.

— Oui, si on les lisait.

— On les lit, chère Madame, à preuve qu'on les cite, donc.....

— Voulez-vous, interrompit ma mère, que je vous dise la vérité vraie sur vos paradoxes?

— Dites, dites.

— Oh, ce n'est pas difficile ! Ayant juré que vous apparaîtriez chaque mois avec une citation appropriée, vous vous êtes arrêtée à ces trois vers parce que vous n'en avez pas trouvé d'autres qui fussent en situation pour ce mois-ci.

— Je suis percée à jour ; le mieux est donc d'avouer que vous ne vous trompez pas.

S'il se fût agi du mois d'avril ou du mois de mai, de ce dernier surtout, je n'aurais pas été en peine. J'aurais pu, par exemple, emprunter ceci au *Chant de mai* de Marot :

En ce beau moys délicieux,
Arbres, fleurs et agriculture
Qui, durant l'hyver soucieux,
Avez été en sépulture,
Sortez ! pour servir de pasture
Aux troupeaux du plus grand pasteur ;
Chacun de vous, en sa nature,
Louez le nom du Créateur !

J'aurais pu m'écrier avec Victor Hugo :

Puisque mai tout en fleurs dans les prés nous réclame,
Viens...

A moins que je n'eusse préféré la chanson :

> Joli mois de mai, quand reviendras-tu ?

— Oh ! fit Claire.

— Pourquoi prenez-vous cet air grave, Claire, et d'où vient votre exclamation? Ah! c'est ma chanson. Je soutiens qu'elle est charmante, ma chanson du mois de mai.

Nous nous mîmes à rire et ma mère demanda la chanson. L'aimable vieille demoiselle se fit prier, par badinage, puis nous dit, de sa voix chantante et pleine d'expression, les strophes suivantes :

Joli mois de mai, quand reviendras-tu?
De ton souffle pur baisant la ramée,
Au front du bouleau, des autans battu,
Faire reverdir la feuille embaumée?

Gentil mois de mai, quand reviendras-tu ?
Rendre aux nids déserts leur famille ailée
Et à l'oiselet, qui longtemps s'est tu,
La douce chanson de sa voix perlée?

Riant mois de mai, quand reviendras-tu?
Rendre à la forêt, ores dépouillée,
Le beau manteau vert qu'elle a dévêtu,
Son riche manteau de verte feuillée?

O doux mois de mai, quand reviendras-tu?
Quand reviendras-tu rendre un peu de joie
A mon pauvre cœur d'ennuis combattu
Que l'hiver-oubli sous ses glaces ploie?

Et il y a encore trois strophes d'après lesquelles le beau mois de mai n'est pas revenu; d'où il suit que ma chanson est en situation.

— Dites-nous le reste, demandâmes-nous en chœur.

— Non; assez babillé comme cela pour aujourd'hui.

— Dites-nous au moins de qui sont ces vers.

— C'est ce qu'on n'a jamais pu savoir, répondit la vieille dame avec un éclat de rire, et nous eûmes beau la tourmenter, nous n'en pûmes pas apprendre davantage à ce sujet. Nous finîmes par nous imaginer à tort, ou à raison, que la chanson du mois de mai avait été composée par Mlle Herbeau elle-même.

— Voyons, reprit-elle, si ces jeunes filles ont des manteaux assez chauds et des chaussures assez épaisses pour affronter l'humidité des prés et des bois. Il n'y a rien à craindre pour personne; donne-moi la main, petite Marie, et allons voir ce que le mois d'octobre peut nous offrir, tant pour nos herbiers que pour notre provision de simples.

— Pourquoi appelle-t-on les plantes qui guérissent des simples?

— Parce qu'ils ne sont pas composés; tels la nature les donne, tels on les emploie, lui répondit notre amie.

Semblable en cela à bien des personnes plus âgées et plus instruites qu'elle, Marie était tentée de repousser cette explication comme trop peu compliquée et d'y voir une pure plaisanterie; il fallut les affirmations les plus sérieuses pour la convaincre, encore ne paraissait-elle qu'à demi convaincue.

Claire était grande admiratrice de Velléda, elle parlait souvent de la belle druidesse couronnée de verveine, exhortant les Gaulois à reconquérir leur indépendance. Notre voisine lui demanda tout à coup :

— Dites-moi, Claire, comment vous représentez-vous la couronne de Velléda?

— Puisque c'est une couronne de verveine, je me la représente formée de fleurs rouges disposées en corymbe; la verveine est assez cultivée dans les jardins pour que je la connaisse.

— Oui dà! vous êtes très savante! Puisque vous connaissez si bien la verveine, vous n'êtes pas sans connaître aussi sa famille, sa parenté et ses vertus?

— Sa famille est celle des *Verbénacées*. Je sais encore que les caractères de cette famille, dont les représentants sont peu nombreux dans nos climats, sont les suivants: tige carrée portant des feuilles opposées ou quelquefois, mais très rarement, verticillées ou alternes; fleur composée d'un calice tubuleux persistant, à 4-5 dents, d'une corolle monopétale à cinq lobes inégaux, sur le tube de laquelle sont insérées quatre étamines dont deux courtes et deux longues. Le fruit sec ou peu charnu est quelquefois formé de quatre carpelles et quelquefois unique et à quatre loges. Il est toujours recouvert d'une peau lisse ou d'un fin réseau.

— C'est parfait! Que savez-vous de la verveine?

— Qu'elle est considérée, dans les campagnes, comme une panacée universelle, croyance qui s'est sans doute perpétuée à travers les âges et vient de ce que les Gaulois, regardant cette plante comme sacrée, lui attribuaient de grandes vertus.

— Encore une fois, c'est parfait! Il ne vous manque plus qu'une chose pour être complètement édifiée sur la question, une chose peu importante du reste.

— Laquelle ?

— Il vous manque... de connaître la *verveine*.

Claire rougit un peu, et nos éclats de rire ne laissèrent pas que d'accroître son embarras.

— Oui, continua Mlle Herbeau avec malice, la verveine de Velléda, celle qui s'appelle *verbena officinalis*, il y en a pourtant assez tout le long du chemin.

— Où cela ? fîmes-nous à l'unisson, tous également empressés de voir la fleur sacrée des druides.

Verbena officinalis (verveine officinale).

— Partout. C'est cette plante herbacée à feuilles oblongues, crénelées, à trois lobes, dont les inférieures sont atténuées en pétiole ailé ; à toutes petites fleurs lilas disposées en épis grêles dont la réunion forme une panicule terminale.

— Ça ? fit Claire dédaigneusement.

— Cette fleurette insignifiante ? ajouta Laure.

— Eh oui ! c'est la verveine des druides, c'est aussi celle dont les sorciers se servaient au moyen âge et c'est celle des herboristes. Elle a joué en médecine un rôle que lui ont enlevé ses sœurs intertropicales, pour la plupart amères et diurétiques. Quelques empiriques l'emploient encore contre les rhumatismes.

Une autre verveine, mais une verveine cultivée, fleurit dans ce mois. C'est la *verveine citronnelle*, arbrisseau dont les feuilles exhalent une odeur citrine assez agréable et peuvent remplacer le thé. Cette infusion dissipe, dit-on, les maux de tête.

Les parfumeurs anglais préparent, avec cette plante, une essence très estimée de l'autre côté du détroit, mais peu appréciée de celui-ci.

Voici une solanée, la *morelle jaune*, *solanum ochroleucum;* nous avons parlé précédemment de ce qui concerne les Solanées en général, et les morelles en particulier; nous avons dit, mais il n'est pas inutile de le répéter, que les morelles, bien que moins dangereuses que d'autres solanées, n'en possèdent pas moins des propriétés toxiques. Ces propriétés sont dues à la *solanine*, matière pulvérulente non cristallisable qui constitue un poison narcotique énergique. Mais, vous le savez, les poisons les plus actifs, employés judicieusement, peuvent devenir des remèdes utiles; aussi les morelles, et en particulier la douce-amère, *solanum dulcamara*, peuvent être administrées avec succès, dans les rhumatismes chroniques et dans certaines affections douloureuses de l'estomac.

— Regarde, Marie; cria Louis, tout ce *plantain!* tu vas pouvoir régaler tes oiseaux!

En même temps qu'un festin pour les oiseaux, nous avions trouvé un bon sujet de causerie. La famille des *Plantaginées* est assez intéressante, bien que le plantain ait perdu auprès des médecins la réputation qui lui avait fait donner le nom de *planta*, la plante, comme qui dirait la plante par excellence.

Le plantain était bon pour tous les maux; il guérissait la fièvre intermittente, privilège dont il a été dépouillé par le quinquina, plus actif, à la vérité; il était employé comme astringent, comme tonique amer, comme vulnéraire. Aujourd'hui, il sert tout simplement à préparer une eau distillée qui entre dans presque tous les collyres, et ses cendres servent à la fabrication de la soude.

Inconnu en Amérique avant l'arrivée des Européens, mais très commun partout où ils ont passé, il y a reçu le nom de *pas d'européen*.

Plantago major (grand plantain).

Si vous prenez la loupe pour examiner l'élégant et fragile épi du plantain, dit Mlle Herbeau, vous verrez que la fleur se compose d'un calice à quatre divisions, d'une corolle tubuleuse divisée au sommet en quatre lobes réguliers, de quatre étamines insérées sur le tube de la corolle et alternant avec les lobes qu'elles dépassent longuement, d'un ovaire libre, simple, surmonté d'un style filiforme. Ces fleurs ne sont colorées que par les longues étamines.

Comme le plantain, fleuri depuis mai, est à la fin de sa floraison, nous allons en trouver qui porte des graines, et nous verrons que l'ovaire est devenu une capsule s'ouvrant comme une boîte à savonnette ou plutôt un pixyde renfermant huit graines, car, ainsi que l'indiquent les feuilles toutes radicales et étalées sur la terre, nous sommes en présence du *grand plantain*, *plantago major*.

Les graines de la plupart des plantains et surtout celles du *plantago cynops*, *plantain de chien*, qui a terminé sa floraison en juillet, fournissent un mucilage, grâce auquel leur décoction peut remplacer celle de la racine de guimauve ou de la graine de lin.

Une autre plante de la même famille, le *plantago arenaria*, dont la tige herbacée, droite, rameuse, couverte de poils courts et un peu visqueux, se dresse dans les endroits sablonneux, fait l'objet d'un assez grand commerce à Nîmes et à Montpellier, d'où on l'envoie à Lyon, à Tarare, partout où l'on fabrique des mousselines, pour servir au gommage de ces légers tissus. C'est pour en arriver là que je vous ai parlé des plantains ; délaissés par la médecine, ils se sont réfugiés dans l'industrie et n'ont pas cessé d'être aussi utiles que leur apparence est modeste.

Marrubium vulgare (marrube commun).

Vous pouvez voir, le long du chemin, une labiée qui se mêle aux plantains et aux verveines, c'est le *marrube commun*, *marrubium vulgare*, ou *faux dictame*.

— Il faut, dis-je, que cette labiée soit très bienfaisante pour qu'on l'ait comparée au dictame qui, d'après les romans de chevalerie, guérissait tous les maux et toutes les blessures, même les blessures mortelles.

Je me mis donc à chercher le marrube, assez maladroitement sans doute, puisque je m'attirai cette apostrophe :

— Où cherchez-vous, Camille? ne connaissez-vous plus les Labiées? La forme de leur corolle, l'odeur aromatique qu'elles exhalent généralement, les fait cependant reconnaître aisément.

Je venais justement d'apercevoir une plante couverte d'un duvet blanchâtre et cotonneux, avec une tige très feuillée et de petites fleurs blanches, formant des verticilles compactes et sessiles, à l'aisselle des feuilles qui étaient fortement chagrinées.

— Je crois que j'ai trouvé, dis-je, et je montrai cette plante à Mlle Herbeau.

C'était bien le marrube; il est tonique, stimulant, et dans quelques pays on l'emploie contre la toux.

Nous entrâmes sous bois un instant après; Mlle Herbeau nous montra, au bord des taillis, une fleur d'un lilas bleuâtre et nous dit que c'était cette plante qu'elle était venue chercher.

— J'appelle cela une scabieuse, dit Laure; n'en serait-ce pas une? Elle diffère de celle des prés, elle est bien plus ronde.

— C'est la *scabieuse tronquée* ou *succise*, *scabiosa succisa* ou *mors du diable*, répondit notre conductrice. Elle est astringente et dépurative, elle fournit une matière colorante verte dite *vert de succise*, et elle a joui autrefois d'une certaine réputation comme sudorifique; on l'administrait dans les maladies de peau. C'est une *dipsacée*.

En l'examinant, vous verrez que les caractères de cette famille se rapprochent de ceux des Composées et de ceux des Valérianées. Le nom de dipsacées donné à ces plantes est formé de deux mots grecs qui signifient *j'apaise la soif;* il leur vient de la disposition de leurs feuilles qui, soudées à la base, forment une cavité dans laquelle l'eau peut s'amasser.

Cette disposition des feuilles, très marquée dans le *chardon à foulon*, *dipsacus*, ou *cardère*, est à peine visible dans la succise. Elle avait fait donner par nos ancêtres le nom de *cuvette de Vénus*, et cet autre nom plus vulgaire de *cabaret des oiseaux*, au *dipsacus silvestris*. On attribuait à l'eau amassée dans le creux des feuilles du dipsacus des vertus miraculeuses pour la guérison des maux d'yeux, vertus qui n'existaient absolument que dans l'imagination des bonnes femmes et des charlatans.

— Tous gens de beaucoup d'imagination, murmurai-je.

Mlle Herbeau nous pria, Louis et moi, d'arracher des succises avec leur souche, la souche étant la partie importante de la plante, dont les feuilles, la tige et les fleurs, n'ont aucune propriété curative.

Pendant que nous arrachions, elle prit des fleurs et demanda à Claire et à Laure de les regarder à la loupe afin de voir les différences et les ressemblances qu'elles offraient, tant avec les Composées qu'avec les Valérianées.

Elles se rapprochent des Valérianées par la disposition des feuilles, et des Composées par leurs fleurs groupées sur un réceptacle commun.

Elles présentent ces particularités que les fleurs sont séparées par des paillettes, et protégées par un involucre, que chaque petite fleur a deux calices persistants : l'un placé à l'extérieur et appelé involucelle, qui entoure étroitement le fruit à sa maturité; l'autre plus ou moins soudé à l'ovaire. Dans la succise, ce second calice est terminé par cinq soies et porte à son sommet une corolle monopétale à limbe divisé en cinq segments.

La récolte de succises achevée, notre conductrice dirigea

notre promenade vers la partie humide du bois afin de tâcher d'y découvrir le *tamier*, *tamus communis*, ou *sceau de Notre-Dame* dont la racine renferme un principe stimulant.

Chemin faisant, Mlle Herbeau nous dit que le sceau de Notre-Dame est le seul individu de la famille des *Dioscorées* qui habite nos climats, qu'on trouve en Grèce le *tamier de Crète* dont on mange les jeunes pousses comme nous mangeons les asperges, au risque d'en éprouver les effets émétiques et purgatifs, si leur cuisson est incomplète, et que l'*igname* qu'on cherche à acclimater à cause de ses énormes tubercules comestibles est aussi de cette famille.

Nous ne tardâmes pas à trouver des tamiers, chargés de petites baies rouges, dont l'odeur est assez nauséabonde. Ces baies sont purgatives, et les fleurs ne servent à rien, c'est pour cela que Mlle Herbeau nous avait laissé passer auprès des tamiers sans nous les signaler, au mois de juillet. J'en ai vu depuis dans les haies, enroulant leur tige faible et grimpante aux branches des aubépines, sur le feuillage lustré desquelles leurs feuilles ovales, brusquement terminées en pointe, se détachaient en plus sombre, et j'ai pu remarquer leurs fleurs, dont les unes portent les étamines, et les autres le pistil. Les premières sont disposées en grappe axillaire lâche, plus longue que les feuilles, les secondes forment au contraire de petites grappes très courtes.

Nous allions à travers bois, toujours furetant et toujours babillant, suivant notre coutume, mais sous l'habile direction de notre vieille amie, notre babillage ne s'écartait guère du but de notre promenade.

— Nous pourrions, disait-elle, tout en mêlant une branche de *lierre* dans les boucles brunes de Marie, prendre des graines de lierre, qui sont légèrement purgatives, ou des feuilles, qui sont cicatrisantes; nous pourrions rappeler que dans l'antiquité on accordait à ces feuilles la propriété de séparer l'eau du vin, propriété précieuse par le temps qui court où les marchands ne se font pas faute de baptiser le vin qu'ils nous vendent. Nous parlerions ensuite des caractères botaniques des *Araliacées* ou des ***Hédéracées*** dont le lierre grimpant, *hedera helix*, est le type, mais cela nous mènerait trop loin.

Nous négligerons aussi le *viscum album*, de la famille des *Loranthacées*, famille qui prend son nom du *loranthus europæus*, lequel croît sur les branches du chêne.

Viscum album (gui).

Je demande comment on appelle le *lorenthus europæus*, en français.

— Je crois, répondis-je, puisqu'il est parasite du chêne, que c'est le *gui*.

— Et vous ne vous trompez pas, c'est bien la plante qui figure dans les cérémonies druidiques comme symbole de l'homme.

— Pourquoi, comme symbole de l'homme? fit Marie.

— Parce que, disaient les druides, le gui est engendré et nourri par le chêne comme l'homme par la divinité.

Le *viscum album* est un gui à fruits blancs ; ses graines servent à préparer la glu, tous les gamins du village savent cela. Le gui est leur principal auxiliaire dans la guerre acharnée qu'ils font aux petits oiseaux.

La famille des Loranthacées est composée de singuliers petits arbrisseaux qui s'implantent sur l'écorce des arbres de la sève desquels ils se nourrissent. Les pommiers, les poiriers, les peupliers en sont souvent chargés ; on dirait, de loin, de gros nids de pie.

Ils ne fournissent rien à l'art de guérir, nous n'avons donc pas à nous y arrêter plus longtemps.

Mlle Herbeau fut très étonnée de rencontrer sur le penchant du coteau que nous descendions, au sortir du bois, un petit conifère tout chargé de fruits pareils à des baies noires et qui ne pousse ordinairement pas dans nos cantons.

C'était un *genévrier*, *juniperus*. Cela fournit l'occasion à notre voisine de nous dire quelques mots des *Conifères*, famille intéressante composée d'arbres et d'arbustes à feuilles persistantes et à sucs résineux, parmi lesquels on compte le *pin* et le *sapin*.

Les fruits des végétaux de cette famille sont tantôt des baies comme chez le genévrier, tantôt des cônes comme chez les pommes du pin et l'épicéa.

Leurs fleurs sont tantôt monoïques et tantôt dioïques. Dans ce dernier cas, les fleurs qui portent les étamines sont disposées en chatons et celles qui portent les pistils deviennent des cônes à écailles ligneuses ou membraneuses imbriquées.

La base de ces écailles présente un creux dans lequel est

logée la graine qui est comestible dans certaines espèces.

Les Conifères se distinguent de tous les autres végétaux à plusieurs cotylédons en ce qu'au lieu de deux cotylédons opposés, ils en ont plusieurs, formant un verticille.

La fleur du genévrier porte à la fois des étamines et un pistil, ses graines sont toniques et diurétiques. Elles donnent, par la fermentation et la distillation, la liqueur alcoolique appelée en France genièvre, liqueur connue en Angleterre sous le nom de gin.

Le gin ou le *blue devil*, diable bleu, est le fléau des classes pauvres de la Grande-Bretagne.

Ce disant, nous étions arrivés à l'usine, dont Mlle Herbeau se mit à explorer le mur du côté du nord.

— Qu'y a-t-il donc, lui dis-je, de si remarquable dans les moellons de ce mur déjà verdi par l'humidité?

— Il y a ceci que je cherchais et que j'ai trouvé, suivant la parole des Écritures, répondit-elle.

Ce qu'elle avait trouvé, c'était une petite urticée, la *pariétaire officinale*, *parietaria officinalis*, qui croît dans les décombres et sur les murs. C'est du reste à ce dernier lieu d'habitation, qu'elle doit son nom et les surnoms d'*herbe de muraille* et de *perce-muraille*, qu'on lui donne vulgairement. On l'appelle encore *herbe de Notre-Dame*.

Elle contient, comme toutes les urticées, de l'azotate de potasse auquel sont dues ses propriétés diurétiques.

Une petite brume froide commençait à couvrir la campagne; après avoir cueilli toutes les pariétaires qui poussaient entre les pierres du mur, nous nous hâtâmes de rentrer pour examiner ces plantes à loisir, auprès d'un feu clair dont nous voyions de loin les vitres refléter les flammes joyeuses.

La petite tribu des pariétaires se distingue par un caractère assez singulier : le même individu porte des fleurs de trois espèces, les unes n'offrant que des étamines, les autres n'ayant que des pistils, et les dernières réunissant pistils et étamines. Celles-ci sont plus apparentes et plus nombreuses que les autres, elles se composent d'un calice tubuleux à quatre divisions, de quatre étamines, d'un pistil dont l'ovaire est surmonté d'un style filiforme terminé par un stigmate disposé en un petit pinceau de couleur violette.

On connaît deux espèces de pariétaires, la *parietaria diffusa* dont les tiges sont couchées, et la *parietaria officinalis* ou *parietaria erecta* dont les tiges sont droites.

— Voilà les promenades finies, dit ma mère, il fait trop humide pour que vous puissiez continuer vos excursions.

— Du moins ne les continuerons-nous pas pendant bien longtemps, fit Mlle Herbeau ; mais il s'en faut de deux mois seulement que l'année soit écoulée, il ne nous reste donc plus que deux promenades à faire si la pluie, le vent et la neige nous le permettent.

— Qu'est-ce que nous ferons, après ? demanda Marie.

— Autre chose. Crois-tu, mignonne, qu'il n'y ait rien d'intéressant en dehors de ce que nous avons fait cette année ? Tu verras que nous trouverons encore moyen de nous distraire l'an prochain.

Au revoir jusqu'en novembre.

XI

NOVEMBRE

Quand la neige est sur la plaine,
L'oiseau, n'osant plus la raser,
Voltige, d'une aile incertaine,
Sans savoir où se reposer.

— C'est justement ce qui va vous arriver si vous sortez, s'écria ma mère, non que la neige soit sur la plaine, mais parce qu'il y a une boue horrible dans les chemins.

— Il ne pleut plus, fit vivement Louis. La perspective d'une après-midi à passer, assis tranquillement sur sa chaise, lui étant peu agréable, quels que fussent les charmes de la conversation.

— Presque plus, ajouta Claire tout aussi désireuse de sortir, mais forcée de se rendre à l'évidence.

— Presque plus, en effet, affirma Mlle Herbeau, montrant son parapluie trempé et son châle dont les plis mouillés s'affaissaient d'un air mélancolique.

— Venez vous sécher auprès du feu, dit Laure en la débarrassant prestement des dits objets de toilette pendant que Marie, le nez en l'air, prétendait apercevoir du bleu dans le ciel d'hiver qui noyait la campagne sous une lumière terne et grise.

Mlle Herbeau s'assit et demeura silencieuse, regardant la flamme qui dansait dans l'âtre et comme absorbée par une tristesse intérieure. Elle finit par nous avouer que le mauvais temps l'impressionnait, qu'elle ne savait plus être gaie lorsqu'il n'y avait plus de feuillage aux arbres, de chants d'oiseaux dans l'air et qu'il fallait s'enfermer entre des murailles au lieu de courir les champs ; ce qui ne l'empêcha pas de reprendre peu à peu sa bonne humeur accoutumée.

Elle l'avait complètement retrouvée lorsque nous nous assîmes autour de la table du salon, comme le jour de la première réunion, le second dimanche du mois de janvier.

— Quand on a gravi une haute montagne, dit alors notre bonne voisine, on se retourne en arrivant au sommet, afin d'arrêter ses regards sur la route qu'on vient de parcourir.

Peut-être ferons-nous bien, nous aussi, de jeter un coup d'œil sur le chemin que nous avons pu faire depuis un an que nous courons « de la forêt à la plaine » à la recherche des simples; autrement dit, il serait bon de récapituler.

— Cette récapitulation ne sera pas complète, interrompis-je, puisque le mois de novembre n'y figurera pas, ni décembre non plus.

Je faisais cette objection, parce que la pluie venait de cesser et que le ciel paraissait s'éclaircir, ce qui me donnait l'espoir de pouvoir sortir.

— Novembre ne nous offrirait, mon cher Camille, que les baies purgatives du *houx*, *ilex aquifolius*, celles du *fusain*, *evonymus europæus*, tous deux de la famille des *Célastrinées*, ou

Borrago officinalis (bourrache).

bien encore le *fragon*, *ruscus aculeatus*, *faux-houx* ou *fesse-larron*, dont les baies sont purgatives et la souche diurétique; mais il faut laisser le houx et le fragon dans le bois jusqu'à Noël si nous voulons, ainsi que nous l'avons projeté, parer la maison, à l'anglaise, de branches vertes, ornées de leurs fruits rouges.

J'étais battu, je ne pouvais plus qu'écouter aussi attentivement que possible l'inévitable récapitulation.

Mlle Herbeau reprit :

Les médicaments simples, ainsi nommés, comme j'ai eu le plaisir de le dire à Marie, parce qu'ils ne sont pas composés, nous sont fournis tantôt par la racine, tantôt par la feuille, la fleur, le fruit ou la graine.

Au premier rang se placent les fleurs pectorales. Ce sont : le coquelicot, la mauve, le tussilage, le pied-de-chat, *gnaphalium dioicum*, une composée qui ne pousse pas de ce côté, la violette odorante, le bouillon-blanc.

— Pardon, fit Laure gravement, le *verbascum thapsus* ou molène : c'est du moins ainsi que vous m'avez recommandé de m'exprimer.

— Sur les étiquettes des bocaux de votre herboristerie, lorsque vous aurez des bocaux, chère fille; quant à moi je cause familièrement avec vous comme une vieille bonne femme que je suis, et je puis bien employer la langue des bonnes femmes.

Votre rappel à l'ordre me prouve que vous tenez compte de ce qu'on vous dit, mais je ne l'accepte pas.

Laure sourit et écrivit sur son carnet *verbascum*, en très gros caractères, et bouillon-blanc entre parenthèses, ce qui fit sourire, à son tour, la vieille demoiselle.

— Après les fleurs pectorales viennent les plantes sudorifiques dont les propriétés résident soit dans les feuilles, comme chez le houx épineux, le pouliot, la menthe poivrée, soit dans le fruit comme chez le tilleul, soit enfin dans les sommités fleuries comme chez le sureau, la bourrache, la germandrée, la bardane, la primevère.

Le principe actif des plantes purgatives est presque toujours contenu dans la feuille, dans le fruit ou dans la graine. Les

Atropa (belladone).

a, branche fleurie; *b*, corolle ouverte pour montrer les organes de la fleur; *cd*, coupe longitudinale et transversale du fruit.

plantes à feuilles purgatives sont le muguet et la mercuriale; celles qui nous fournissent leurs baies sont: la gratiole, l'hièble, le lierre, le nerprun, l'alkékenge, le fusain. Celles qui nous donnent leurs graines sont l'épurge et la moutarde blanche.

Les simples les plus importants sont ensuite les narcotiques.

Ces plantes sont : la belladone, la jusquiame, la stramoine, l'aconit, le tabac, la morelle noire, la ciguë, le pavot.

On emploie contre la toux et les maladies de poitrine : les bourgeons de sapin, la racine de polygala, ou les plantes suivantes, dites plantes béchiques : le lierre terrestre. la pulmonaire, la capillaire, la scolopendre.

Six plantes, dont quatre font partie de l'intéressante et nombreuse famille des Composées, nous offrent leur secours contre la fièvre. Les quatre composées sont le bluet, la camomille romaine, la matricaire et la chausse-trappe ; les deux autres sont la petite centaurée, une gentianée, et la fumeterre.

Les côtes des feuilles de la rhubarbe sont apéritives, de même que les racines de l'ache, du fragon et de l'asperge.

On emploie dans la composition des jus d'herbes la saponaire, les laiterons, la chicorée sauvage, la laitue et la réglisse.

Certaines plantes sont nuisibles à l'agriculture, bien qu'elles fournissent des remèdes à nos maux, tels sont la mercuriale, le chiendent, le mélilot et le colchique.

D'autres plantes se recommandent à des titres divers, la liste en serait peut-être un peu longue pour la réciter, mais vous ferez bien de la relever sur vos herbiers, à la fin desquels vous la transcrirez.

Nous suivîmes ce conseil et nous dressâmes une liste, par ordre alphabétique, des plantes que nous avions trouvées dans la localité que nous habitions. On trouvera cette liste à la fin du récit de nos promenades de tous les mois.

— Vous avez vu, nous dit encore Mlle Herbeau, que chaque mois voit s'épanouir de nouvelles fleurs; c'est en se basant sur ce fait que Linné avait dressé le calendrier de Flore.

S'il faut aux plantes une certaine somme de chaleur pour parvenir à la floraison, il faut à quelques fleurs une certaine intensité de lumière pour s'ouvrir, de sorte qu'après avoir établi le calendrier de Flore, Linné avait dressé l'horloge de Flore d'après l'heure à laquelle s'ouvrent les fleurs.

Le calendrier de Linné était celui de la Suède; Lamark a donné le suivant pour le climat parisien :

CALENDRIER DE FLORE

Janvier. — Le noisetier.

Février. — L'aune, le saule-marceau, le daphné bois-gentil, le perce-neige.

Mars. — Le cornouiller mâle, l'anémone hépatique, le buis, le tuya, l'if, l'amandier, le pècher, l'abricotier, le groseillier épineux, la giroflée jaune, la primevère, l'alaterne, etc.

Avril. — Le prunier épineux, la tulipe, la jacinthe, l'orobe printanier, la petite pervenche, le frêne commun, le bouleau, l'orme, la fritillaire impériale, les érables, les poiriers, etc.

Mai. — Le pommier, le lilas, le marronnier, le caroubier ou arbre de Judée, le merisier à grappes, le cerisier, le frêne à fleur, le faux ébénier, la pivoine, le muguet, la bourrache, le fraisier, le chêne, etc.

Juin. — Le coquelicot, le bluet, la sauge, le tilleul, la vigne, le nénuphar, le lin, le seigle, l'avoine, l'orge, le froment, la digitale, le pied-d'alouette, le millepertuis, la nielle, etc.

Juillet. — L'hysope, la menthe, l'origan, la tanaisie, la carotte, l'œillet, la laitue, le chanvre, le houblon, la salicaire, la chicorée sauvage, le catalpa, etc.

Août. — La scabieuse, la parnassie, la balsamine des jardins, la gratiole, l'euphrasie jaune, l'actée, le rudbeckia, le silphium, le coréopsis, la viorne, etc.

Septembre. — Le fragon, l'aralie ou angélique épineuse, le lierre, le cyclamen, l'amaryllis jaune, le colchique, le safran, etc.

Octobre. — L'aster à grandes fleurs, l'hélianthe tubéreux ou topinambour, l'anthémis à grandes fleurs, etc.

Novembre. — Les chrysanthèmes, plusieurs tussilages odorants.

Décembre. — L'hellébore noir.

Après le calendrier, Lamark a aussi donné, pour le climat de Paris, une horloge de Flore indiquant l'heure à laquelle s'ouvre la corolle des fleurs qui y sont comprises.

HORLOGE DE FLORE

Salsifis des prés.	3	heures	du matin.
Chicorée sauvage.	4	—	—
Laiteron commun et pavot à tige nue.	5	—	—
Belle-de-jour et hypocharis tachetée.	6	—	—
Nénuphar blanc et laitue cultivée. .	7	—	—
Mouron rouge et mésanbryanthème barbu.	8	—	—
Souci des champs.	9	—	—
Glaciale.	10	—	—
Dame d'onze heures.	11	—	—
Pourpier.	Midi.		
Scilla pomeridiana.	2	heures	de l'après-midi.
Belle-de-nuit.	5	—	du soir.
Géranium triste et silène noctiflore.	8	—	—
Volubilis.	10	—	—

Si l'on voulait au contraire baser l'horloge de Flore sur l'heure à laquelle les fleurs se ferment, on aurait :

Chicorée sauvage.	10 heures du matin.
Crépide des Alpes.	11 — —
Laiteron de Laponie.	Midi.
Œillet prolifère et pourpier. . . .	1 heure de l'après-midi.
Épervière auriculée et Mésanbryanthème barbu.	2 heures —
Souci des champs.	3 — —
Alysson vésiculeux.	4 — —
Pâquerette.	5 — du soir.
Salsifis des champs.	6 — —
Nénuphar blanc et pavot à tige nue.	7 — —
Hémérocalle fauve.	8 — —

La durée de l'épanouissement des fleurs est très variable; ainsi nous voyons, en comparant ces deux horloges, que le salsifis reste ouvert de trois heures du matin jusqu'à six heures du soir, soit quinze heures, et que le pourpier, ouvert à midi seulement, est fermé à une heure.

Quelques fleurs ne se rouvrent plus; le jour qui les a vues s'épanouir les voit aussi se faner, on les désigne sous le nom d'*éphémères*; d'autres se rouvrent le lendemain, et même pendant un nombre de jours plus ou moins grand. La fleur la plus remarquable sous le rapport de la durée est une belle orchidée du Népaul, le *cypripedium insigne* qui reste épanoui pendant deux mois et plus.

Il est bien entendu que les heures des deux horloges qui précèdent sont très variables; par un temps froid ou couvert, la première retarde et la seconde avance. On peut intervertir les heures auxquelles une fleur s'ouvre et se ferme en la maintenant dans l'obscurité pendant le jour, et en l'éclairant vivement pendant la nuit, c'est ce que fit de Candolle pour des belles-de-nuit.

Cette expérience démontre l'action de la lumière sur les fleurs. Celle de la chaleur n'est pas moins évidente, car une fleur, qui s'épanouit à 6 heures au Sénégal, s'ouvre à 8 heures en France, et à 9 heures seulement en Suède.

Les fleurs ne sont pas sensibles à la lumière et à la chaleur; seulement, il en est qui subissent l'influence des météores atmosphériques, et pourraient servir à indiquer le temps aussi bien, et même mieux, que les petites grenouilles vertes qu'on garde dans un bocal plein d'eau.

Solanum nigrum (morelle noire).

Le *souci des pluies* se ferme à l'approche de la pluie, et le *laiteron d'Espagne* (*sonchus ibericus*), s'ouvre au contraire lorsque le ciel se couvre de nuages orageux.

Linné a appelé plantes météoriques celles qui subissent les influences de ce genre, et Bierkander en a dressé la liste, sous le titre d'Hygromètre de Flore.

Les feuilles ne sont pas moins sensibles que les fleurs à la chaleur, à la lumière et à l'action des météores atmosphériques.

Ainsi que l'a très bien remarqué Claire sur l'oxalis, elles prennent, à certaines heures, des positions différentes. Les feuilles entières se rapprochent de la tige pendant la nuit et s'en écartent pendant le jour, les feuilles pennées replient le soir leurs follioles les unes contre les autres, comme il est facile de l'observer sur l'acacia. On dit alors que les plantes dorment.

Vous avez pu voir souvent aussi qu'à l'approche de l'orage les feuilles s'affaissent ou se crispent pour se redresser et s'étaler, dès que la pluie vient les rafraîchir.

Ces divers phénomènes ont fait supposer à des imaginations sentimentales que les végétaux sont doués de sensibilité. Cette croyance fit éclore bon nombre de romances, de poésies et de pages de prose non moins précieuses que charmantes. Les femmes se plurent à se comparer à la *sensitive* qui au moindre contact abaisse son pétiole et contracte ses folioles.

On ne savait pas alors que cette plante délicate s'accoutume à la longue à ce qui la choquait d'abord vivement dans sa prétendue sensibilité; ainsi, lorsqu'on la promène en voiture, elle commence par fermer toutes ses feuilles, puis elle les rouvre, peu à peu, si le roulement du véhicule se prolonge, et finit par reprendre une parfaite tranquillité.

Le *sainfoin oscillant* est encore plus singulier que la sensitive : ses folioles sont dans un état d'agitation perpétuelle qu'on pourrait comparer à celui d'un esprit inquiet et qu'on attribue à la chaleur, jointe à l'humidité.

En somme, quelque bonne volonté qu'on y puisse mettre, il est impossible d'admettre, avec les poètes, que le végétal est doué de sensibilité, puisqu'il n'a pas les organes nécessaires à l'exercice de cette faculté; mais il a l'irritabilité qui est tout autre chose.

C'est par suite de leur grande irritabilité que les folioles du sainfoin oscillant s'agitent sans cesse, et la sensitive n'étant plus qu'irritable, il n'y a rien de flatteur à lui être comparé : aussi la délaisse-t-on dans les vers.

Marie demanda à Mlle Cécile si c'était en observant les fleurs déjà endormies, qu'elle savait si bien l'heure quand nous faisions nos longues promenades, et la vieille demoiselle ayant répondu affirmativement, Marie déclara qu'elle allait apprendre par cœur les deux horloges de Flore afin de savoir toujours l'heure dans la campagne.

On lui fit remarquer que beaucoup de plantes ne restent fleuries que quelques semaines, mais cela ne la déconcerta pas du tout, et, pendant au moins huit jours, on l'entendit répéter : « On va bientôt déjeuner,il est pourpier », ou : « Nous ne tarderons pas à nous mettre à table pour dîner,il est salsifis. »

Puis cette fantaisie lui passa, comme celle qu'elle avait eue de planter des soucis des pluies, du laiteron d'Espagne ou *sonchus ibericus* dans le jardin, sans s'inquiéter s'ils y pousseraient, ni si on les trouvait dans nos climats.

La fillette avait aussi choisi pour chaque mois un nom de fleur qui lui plaisait, et mon père fut tout étonné de voir s'étaler à l'angle supérieur des cahiers de Marie des dates du genre de celle-ci : Lundi quinze de chrysanthème, ou mardi seize de tussilage odorant.

XII

DÉCEMBRE

Le vingt-quatre décembre, jour de notre dernière promenade botanique, Mlle Herbeau fit son entrée en fredonnant un fragment d'un vieux noël picard.

Nous avions choisi ce jour parce que nous avions résolu de parer toute la maison de feuillage et aussi d'offrir le soir un arbre de Noël aux enfants du village.

Ma mère et Mlle Herbeau avaient seulement vu dans cette fantaisie le plaisir que nous aurions à voir éclater la joie des bambins mettant au pillage l'arbre de Noël et dépouillant ses branches des menus objets qui y seraient suspendus, mais mon père s'opposa formellement à l'accomplissement de ce projet.

Faire un arbre de Noël pour nous cinq, dit-il, c'était une pure niaiserie incompatible avec notre âge et notre éducation sérieuse; en offrir un aux enfants du village, c'était prendre des airs de grand seigneur qui ne nous convenaient point.

Si nous pensions faire plaisir à quelques-uns des ouvriers de l'usine en offrant à leurs enfants un de ces petits présents qu'autorise l'usage au nouvel an, nous devions nous garder de tout ce qui pouvait faire croire que nous agissions par condescendance, comme un supérieur envers un inférieur.

Il ajouta que ses fonctions étaient autres que celles des simples ouvriers dans l'usine, mais qu'il n'était qu'un travailleur comme eux, chargé seulement d'une plus lourde responsabilité, puis il nous permit de remplir les vases de branches de houx et de parer toute la maison de verdure si nous pensions que cela pût nous amuser, car ce plaisir-là n'humilierait personne.

Malgré notre déconvenue, nous embrassâmes ce père si bon malgré sa sévérité, et nous ne pûmes nous empêcher de penser et de dire qu'il avait beau affirmer qu'il n'était supérieur à personne, il y avait bien peu d'hommes qui ne lui fussent inférieurs pour l'intelligence, la droiture, l'amour de la justice, du moins parmi ceux que nous connaissions.

Il n'y a pas beaucoup de houx dans les bois qui s'étendaient derrière notre village; sans l'amabilité de M. le maire, toujours empressé d'être agréable à notre voisine, par égard pour laquelle il nous permit d'en prendre quelques branches dans son parc, nous aurions été exposés à nous en passer.

Nous fûmes discrets, comme c'était notre devoir; nous ne prîmes, à peu près, que ce qu'il fallait pour les herbiers et pour orner les cheveux et le corsage des jeunes filles, puis nous sortîmes du parc par une petite porte qui s'ouvrait dans le bois.

Le houx fit naturellement les frais de la conversation et notre amie compléta les renseignements qu'elle nous avait donnés sur lui au mois de novembre.

— Les baies du houx, nous dit-elle, sont légèrement purgatives, comme vous le savez déjà, et ses feuilles sont sudorifiques. Le *houx commun, ilex aquifolium*, est encore compté parmi les *Célastrinées* par quelques botanistes, tandis que d'autres l'en séparent pour en faire le type d'une autre famille, celle des *Aquifoliacées* dont les individus diffèrent de ceux de la première en ce que leur fleur offre une corolle bien distincte.

Les ilex sont des arbrisseaux, et cependant ils atteignent parfois la taille d'un arbre. Leurs feuilles, persistantes et d'un vert intense, sont sinuées, dentées, et portent une épine à chaque dent, tant que la plante n'a pas dépassé ce qu'on pourrait appeler l'enfance. Plus tard, la feuille devient plane et l'épine terminale reste seule.

Les fleurs, qui se montrent vers le mois de juin, sont blanches et disposées en petits paquets à l'aisselle des feuilles. Elles se composent d'un calice et d'une corolle, en roue, à quatre, cinq ou six divisions, d'étamines en nombre égal à celui des divisions du calice et de la corolle, d'un ovaire divisé en 2-6 loges et surmonté de 4-5 stigmates presque sessiles.

— Le *fragon*, demanda Louis, est-il de la même famille que les ilex, qu'on l'appelle petit houx ?

— Non, dit Mlle Herbeau, c'est une *asparaginée* : je ne vois pas pourquoi on lui a donné les noms de *faux houx* et *petit houx*, à moins que ce ne soit à cause de l'épine aiguë qui termine ses feuilles, ou plutôt de ses *cladodes*, car ce n'est pas de feuilles mais de petits rameaux aplatis, d'apparence violacée, dont la tige du fragon est garnie.

— Ah! s'écriait Laure à ce moment, voici des fleurs!

— On dirait presque des églantines, ajoutait Claire.

— Presque est là très bien placé, fit Mlle Herbeau; si vous ne l'aviez introduit judicieusement dans votre phrase, j'aurais pu vous conseiller d'essayer par vous-même de l'efficacité d'une des sœurs de cette jolie fleur.

— Autrement dit, repartit Claire, de prendre quelques grains d'hellébore, car je crois que cette plante est la *rose de Noël, helleborus nigrum.*

— A quoi la reconnaissez-vous?

— A son calice à cinq sépales colorés, à sa corolle, composée de pétales plus courts que le calice à l'intérieur duquel ils forment une sorte de bourrelet, aux feuilles sombres, lustrées et toutes radicales.

— De quelle famille est l'hellébore?

— De la famille des Renonculacées.

— C'est fort bien, et pour terminer sa biographie, il est bon d'ajouter que l'hellébore noir ne peut avoir poussé dans le bois que par accident. Le vent ou un oiseau en aura transporté une graine, car ordinairement on ne le trouve ici que dans les jardins.

Il y avait, disait notre voisine, une légende peu connue sur l'hellébore noir, légende que nos instances décidèrent la bonne demoiselle à nous raconter au retour, en attendant l'heure du dîner.

C'était un de ces récits naïfs dans lesquels l'imagination populaire, se donnant carrière, entoure de prodiges l'origine des êtres et des choses, un récit analogue à ceux qu'ont imaginés les Grecs à propos du laurier, des roseaux, du tournesol et de la rose, seulement la mythologie en était absente ; les lutins dont l'esprit rêveur des nations du Nord a peuplé les antres des montagnes, la mer, les lacs et les forêts, y jouaient le principal rôle.

Au reste, je puis le mettre à la fin de nos Promenades, car Laure me fait souvenir que mon père, très curieux de cette littérature, toute de tradition, dans laquelle le caractère propre des races se révèle plus nettement que dans les œuvres des lettrés, avait prié Mlle Herbeau de transcrire, pour lui, la légende de la fleur d'hellébore. Je vais donc la copier ici textuellement d'après le manuscrit de notre vieille amie.

XIII

LE ROI DES FJORDS

L'hellébore noir a toujours fleuri, car il n'existe pas une plante qui n'ait sa fleur particulière, mais au lieu des larges étoiles blanches dont il se pare aujourd'hui, c'étaient des fleurettes verdâtres et insignifiantes qui s'abritaient sous les larges feuilles sombres qu'on voit briller au-dessus de la couche de feuilles mortes amoncelée, par l'hiver, au pied des grands arbres de la forêt.

Un soir, il y a bien longtemps de cela, si longtemps que la plus vieille des fileuses qui racontent cette histoire, à la veillée, en branlant la tête, ne pourrait dire ni en quel siècle, ni en quelle année on était alors, bien qu'on sache exactement le mois, le jour et l'heure où la chose arriva.

Un soir donc, tout se préparait dans la petite ville de Tromsöe pour la célébration des fêtes de Noël.

A Tromsöe, comme vous savez, l'hiver est toujours long et rude, à peine si l'on a une heure de jour en décembre.

Or, le mois de décembre dont il s'agit avait été particulièrement froid et sombre; il avait gelé jusque dans les fjords où l'eau est toujours libre, et la nuit de Noël était une véritable nuit de tempête.

La neige tourbillonnait en épais flocons, chassée par un vent furieux qui hurlait, soufflait, gémissait et se lamentait, heurtant aux huis fermés, faisant craquer les fenêtres closes, et s'engouffrant avec de rauques sanglots dans les tuyaux des hautes cheminées.

Que disait-il? le vent d'hiver qui, sur son aile, apportait le froid des espaces glacés qu'il avait traversés.

Certes! ce ne pouvaient être de joyeuses choses; il ne prenait pas part à l'allégresse des familles nombreuses rassemblées autour de l'âtre où la bûche de Noël brûlait avec une grande flamme blanche et de joyeux craquements, suivis de gerbes d'étincelles, ce vent dont les rugissements sourds remplissaient toute la maison.

Il disait à l'aïeul : « Songe aux pauvres vieillards qui, dans cette nuit de Noël, sont assis seuls près d'un foyer sans feu. »

A l'oreille du père, souriant au bambin assis sur ses genoux, il murmurait : « Pense à l'exilé sans famille, qui là-bas, bien loin, par delà les monts et les fleuves, n'a pour lui tenir compagnie que la tristesse de ses souvenirs. »

Au fond du cœur de la mère, il faisait surgir cette pensée douloureuse : « Hélas! que de mères, sans enfants, pleurent aujourd'hui en portant sur une tombe les branches vertes dont elles n'ont plus de berceau à égayer. »

Aux enfants, insouciants et rieurs, il criait avec un grain de tendresse dans sa colère : « N'oubliez pas qu'il est des enfants auxquels Noël n'apporte rien qu'un sentiment plus vif de leur misère et de leur isolement. »

Et au fond de la joie de ces heureuses familles se glissait un grand attendrissement, si bien que les cœurs en devenaient meilleurs et s'ouvraient à cette parole sacrée : Aimez-vous les uns les autres.

Dans une des plus misérables demeures de la plus misérable rue du plus misérable quartier de Tromsöe, une femme veillait à la lueur d'une lampe de cuivre à trois becs suspendue au plafond.

Elle pleurait, tâchant d'étouffer le bruit de ses larmes, et quand le vent furieux faisait gémir la porte sur ses gonds, elle frissonnait comme si elle eût senti le vent glacé que font en s'agitant les ailes noires de la Mort.

Dans le foyer, point de bûche de Noël craquant joyeusement sous les baisers de la flamme; autour du foyer, point d'enfants rieurs ni d'amis bienveillants : partout le froid, le vide, la tristesse et la misère, plus froide que l'hiver et triste à l'égal du trépas.

Derrière les rideaux baissés du lit, on entendait une respiration haletante et, par moment, une exclamation brève et douloureuse.

— Mère! dit tout à coup une voix d'enfant; une voix faible, éteinte et qui semblait si lointaine, si lointaine, qu'on l'aurait crue sortie de la tombe. Mère, ne sommes-nous pas à la nuit de Noël?

— Oui, dit la mère.

— Est-ce qu'il est déjà tard?

— Oui, dit encore la mère.

— Si tard que partout brillent les branches vertes, que les arbres de Noël sont déjà tout parés de bougies et d'étoiles dorées?

Il était assez tard pour cela, mais la mère ne répondit pas.

L'enfant, soulevé sur son coude, regardait avec des yeux ardents et fixes, comme s'il entrevoyait, à travers les ténèbres, ces arbres de Noël couverts de bougies de toutes les couleurs, de joujoux, de bonbons et d'étoiles brillantes.

C'était une fillette de douze à quatorze ans, blonde, pâle, jolie encore, malgré sa maigreur, rongée par la fièvre et prête déjà pour le cercueil.

De sa voix mourante, elle continua à parler des joyeux Noëls d'autrefois, du temps où elle était une toute petite enfant rose et bien portante, quand ses frères et ses sœurs : Erik, John, Anton, Kristina et Bertha s'empressaient autour d'elle avec de jolis présents, quand son père la faisait sauter sur ses genoux et que sa mère chantait de si douces chansons en la berçant pour l'endormir.

Ce temps était bien loin déjà; Erik et le père avaient péri

en mer, dans une tempête. Puis, un à un, les autres les avaient suivis et, derrière elle, la Mort avait laissé ses deux filles, la Maladie et la Misère.

Le souvenir du bonheur passé avait mis une flamme dans les yeux de Hilda : bientôt, des souvenirs, l'enfant passa à l'espérance; elle parla du printemps qui ramènerait les fleurs et les petits oiseaux, du printemps qui rend la vie à toute chose et qui la lui rendrait sûrement à elle aussi.

— Le médecin l'a dit, répétait-elle, aux premières roses, je ne souffrirai plus. Mère, dites-moi, est-ce qu'il y aura bientôt des roses?

— Des roses? dit la mère, en s'efforçant de sourire, des roses? il y en a déjà; la femme et la fille du gouverneur en portaient dans leurs cheveux et à leur corsage quand je les ai vues monter dans leur traîneau tantôt. Mais ces roses-là, je crois, ne viennent que dans ces jardins chauffés que les riches seuls peuvent entretenir, ajouta-t-elle plus bas.

Il se fit un silence, interrompu seulement par la toux sifflante de Hilda et par sa respiration haletante. Puis, tout à coup, sous l'empire d'une de ces idées fixes qui hantent souvent le cerveau des malades, elle se prit à parler des roses. Elle en voulait avoir absolument, et tour à tour, priant, suppliant, exigeant, elle finit par obtenir que sa mère sortît pour lui en aller chercher.

La pauvre mère était partie dans le seul but de calmer l'enfant, et tout en suivant à pas lents les rues ouatées de neige, elle se demandait ce qu'elle allait dire, à son retour, car, de rapporter des roses, il n'y fallait pas songer.

Elle allait ainsi, triste et réfléchissant ; cette parole du médecin : « Aux premières roses elle ne souffrira plus », lui revenait sans cesse à l'esprit, et bien qu'elle sût quel sens lugubre y

attachait le médecin, elle ne pouvait s'empêcher d'y mettre, par instant, autant d'espoir que Hilda.

Peu à peu, son pas devint plus vif, et résolument, elle finit par prendre le chemin qui conduisait à la demeure du gouverneur.

Au moment de laisser retomber le lourd marteau de la porte, elle hésita, puis le laissa tomber sur le large clou de cuivre.

Une servante vint ouvrir.

— Que voulez-vous, bonne femme?

— Parler à Mme Fridholm.

— On ne dérange pas Madame à cette heure.

— Je vous en prie, faites que je la voie!

La servante repoussait la pauvre mère et allait refermer la porte sur elle, quand Mme Fridholm et sa fille traversèrent le vestibule, des roses dans les cheveux, des roses au corsage. Elles demandèrent qui était là et daignèrent s'approcher.

La mère raconta que son enfant se mourait, qu'elle n'avait été réjouie par aucun présent de Noël et qu'elle demandait des roses.

— O Madame, ô Mademoiselle, je vous en supplie, donnez-moi une rose, une seule, pour mon enfant.

Mme Fridholm haussa les épaules avec un rire méprisant et passa.

Sa fille, la brillante Héléna, s'écria que cette femme était folle! Son père ne payait pas à prix d'or un jardinier français pour donner aux mendiantes des roses dont chacune coûtait autant qu'un bijou d'or.

Héléna était noble de race, mais il lui manquait la noblesse de l'âme, sans laquelle l'autre n'est rien; c'est pourquoi sa beauté fière, tout en charmant les yeux, laissait les cœurs indifférents.

— Allons! dit la mère. Et elle retourna sur ses pas.

En passant devant l'église de Saint-Olof, elle vit la femme

du pasteur qui disposait sur l'autel de gros bouquets de roses. Il y en avait de rouges, tout ouvertes, avec leurs pistils d'or mettant une étincelle au fond du cœur d'un pourpre plus sombre que le reste de la fleur; de blanches en bouquets, qui s'inclinaient sur leur tige; d'autres, rose vif ou rose pâle, à peine entr'ouvertes, et de blanches à peine rosées, et toutes embaumaient.

La femme du pasteur, petite, blonde, grasse, avec une fossette au menton, des fossettes sur les joues, de grands yeux bleus couleur du ciel et une voix caressante, était mère de six beaux enfants aimables et blonds comme elle. Bien sûr, elle serait sensible à la requête d'une mère parlant au nom de son enfant mourant. Du moins, c'est ce que pensa la mère de Hilda, et elle entra dans l'église.

D'une voix humble, elle demanda une des roses, la plus petite, la moins jolie, celle que Mme Gade voudrait bien lui donner.

Mme Gade était de ces gens qui, n'ayant jamais connu la douleur ni la pauvreté, pensent que tout est bien en ce monde et qu'il faut avoir le caractère bien mal fait pour oser se plaindre de quelque chose. Aussi fit-elle à la mère de Hilda un beau sermon en trois points, enjolivé de sourires à fossettes et d'intonations harmonieuses, afin de lui démontrer que chacun doit être satisfait de son sort; après quoi elle la renvoya avec d'éloquents anathèmes, sans lui donner même une feuille de rose. On ne sait pas si la mère de Hilda trouva quelque consolation dans le discours édifiant de la jolie petite madame Gade, mais celle-ci en fut positivement ravie, et se sentit tout à fait préparée à goûter les plaisirs de la nuit de Noël.

La mère avait perdu tout espoir, elle était encore plus triste qu'au moment où elle était sortie de chez elle.

Lentement, la tête penchée, elle allait devant elle, comme en rêve. Que dirait-elle à Hilda? Cette inquiétude la reprenait.

Si, au moins, elle avait pu rapporter quelque fleurette! mais il n'y en avait pas : le perce-neige lui-même se cachait encore frileusement dans le sein de la terre, les primevères et les violettes ne devaient montrer leurs fraîches corolles que dans quelques mois.

Ainsi songeant, la triste mère avançait droit devant elle, sans avoir conscience du chemin parcouru : encore quelques minutes et elle allait arriver à sa pauvre demeure, lorsque le vent lui apporta le son d'une cloche. C'était le carillon de Noël qui éclatait au douzième coup de minuit, égrenant joyeusement ses notes cadencées.

Une rumeur étrange, pareille au tintement de milliers de petites clochettes d'argent, se mêlait au carillon, et en même temps un bruit confus de voix très aiguës, quoique très douces, montait du sol, descendait de la cime des arbres, s'élançait du milieu des haies, rasait les flots endormis du fjord, glissait au flanc des rocs qui bordent le rivage.

Partout la neige se diamantait de milliers de petites étincelles, les unes bleues, les autres vertes, d'autres irisées comme la fleur de cobalt, qui sautillaient, dansaient, tourbillonnaient ainsi que des feux follets.

Il y en avait tant et tant, que l'air en était lumineux et tout rose, on eût dit que le Grand Nord venait d'allumer les flammes d'une de ses aurores.

La mère de Hilda ne s'y trompa pas; elle comprit qu'elle venait de surprendre, sans le vouloir, les ébats des elfes, et sachant, comme tout le monde le sait, dans le Finmark, qu'elle serait frappée de mort si elle apercevait seulement leur roi, elle se blottit contre la haie, muette et tremblante en se cachant les yeux dans ses deux mains.

Bientôt il se fit un grand silence au milieu duquel une voix irritée cria :

— Un mortel nous observe, qu'il soit puni. Gnomes, lutins, kobolds et farfadets, entourez-le, piquez-le, pincez-le, torturez-le jusqu'à la mort.

— O roi des fjords! dit une autre voix humble et suppliante, ce n'est qu'une pauvre femme sortie par cette nuit de tempête pour satisfaire le désir de son enfant mourant.

— En es-tu sûr? reprit la voix irritée.

— Je l'ai suivie depuis qu'elle a passé le seuil de sa demeure jusqu'à présent.

— C'est bien! Que Dröm-Jan (Jean du rêve) interroge cette femme, lui qui peut se laisser voir aux mortels. Qu'elle prenne garde à ce qu'elle va répondre, car je regarderai dans son cœur pendant qu'elle parlera, et malheur à elle si un mensonge passe entre ses lèvres!

Dröm-Jan s'approcha de la mère de Hilda.

— Découvre ton visage, dit-il doucement, et parle sans détour.

— Que voulez-vous de moi? demanda-t-elle un peu effrayée, à l'aspect de l'être singulier qui se tenait debout devant elle.

C'était un homme, si petit, que le plus petit des nains eût été d'un tiers plus grand que lui. Ses jambes cagneuses étaient terminées par de grands pieds difformes, ses longs bras touchaient presque par terre ; sa tête, d'une grosseur disproportionnée, se balançait sur ses épaules osseuses surmontées d'une énorme bosse ; de grandes dents soulevaient sa lèvre, et ses yeux rouges brillaient comme la flamme d'une lampe.

Malgré sa frayeur, la mère de Hilda reconnut Dröm-Jan, le lutin protecteur des enfants auxquels il dispense les récompenses ou les châtiments.

— Dröm-Jan, dit-elle, tu m'interroges et tu sais d'avance ce que je vais te répondre ! Je parlerai, cependant : Hilda, le dernier-né de mes enfants, se meurt : aucun présent de Noël ne l'a réjouie ce soir ; elle désirait des roses, je suis allée en demander à la femme du gouverneur et à celle du prêtre. Toutes deux ont refusé de me sacrifier une seule de leurs fleurs ; je ne sais comment je vais consoler ma fille, ma douce Hilda, en rentrant tout à l'heure.

— Femme, dit Dröm-Jan, ignorais-tu qu'il est de ces cœurs durs auxquels le malheur ne paraît triste que s'il les frappe eux-mêmes ?

— Hélas ! gémit la mère.

— Croyais-tu donc vraiment, reprit le nain en ricanant, que prêcher la charité habitue à la pratiquer ?

— Je l'avais espéré, du moins.

— Sur qui peuvent reposer les espérances du pauvre ? cria une voix dans le lointain.

— Sur lui-même, sur lui seul ! répondirent une multitude de petites voix cristallines.

— Et sur la nature, ajouta Dröm-Jan. Regarde, fit-il en montrant du doigt, au pied de la haie, les pointes de plusieurs feuilles vertes qui perçaient l'épaisse couche de neige.

La mère se baissa, écartant la neige de ses mains.

Oui ! c'étaient des feuilles ; de grandes feuilles vertes et lustrées sous lesquelles s'abritaient, les unes encore en boutons, les autres déjà épanouies, de petites fleurs pâles et sans parfum.

— Prends ces fleurs et porte-les à ta fille.

— Ce ne sont pas des roses, soupira la mère.

— O roi des fjords ! chanta le chœur des petites voix cristallines, ne peux-tu, par ta puissance, faire éclore une rose pour consoler l'enfant de cette femme ?

— Non, c'est l'été qui fait naître les roses, nous ne pouvons rien créer en dehors des lois de la nature, mais nous pouvons toujours essayer d'embellir ce qui existe.

Que les plus légers d'entre vous volent vers la Tendresse et la Pitié afin de leur emprunter leurs charmes les plus doux, puis, qu'ils reviennent ici, prompts comme l'éclair.

De toute part, la neige se diamanta de petites étincelles, les unes bleues, les autres vertes, d'autres irisées comme la fleur de cobalt, qui sautillaient, dansaient, tourbillonnaient, montant du sol, luisant au sommet des grands sapins, rasant les flots endormis du fjord, glissant sur la pente des rocs, s'élançant en gerbes dans les haies.

Il y en avait tant et tant, que l'air en était lumineux et tout rose comme si le Grand Nord eût fait flamboyer une de ses aurores.

Et toutes effleuraient, en passant, les petites fleurs pâles qui grandissaient, grandissaient et se coloraient d'un blanc vif en dedans, d'un blanc rosé en dehors.

Elles ressemblaient à l'églantine, la rose sauvage qui fleurit au printemps.

Dröm-Jan les cueillit, les réunit en bouquet, et les remettant à la mère de Hilda :

— Prends ces fleurs, dit-il, elles n'ont ni la délicatesse, ni le parfum des roses de l'été, mais elles n'en porteront pas moins la joie à ton enfant.

Hilda t'a demandé des roses, tu lui diras que ce sont là les roses de Noël. Va!

La mère prit le bouquet et se hâta de rentrer chez elle.

Des roses, des roses! s'écria Hilda en apercevant les belles fleurs blanches.

Elle se souleva pour les prendre, mit un baiser sur chacune d'elles et retomba sur son oreiller, elle avait cessé de souffrir.

Depuis ce temps, l'hellébore a gardé sa fleur qui ressemble à l'églantine, et il a aussi conservé le nom de Rose de Noël que lui avaient donné les bonnes femmes de Tromsöe d'après Dröm-Jan, à ce qu'elles disaient.

— Je suis sûre, s'écria Marie, que si Laure avait été à la place de la fille du gouverneur elle aurait donné ses roses à la mère de Hilda.

— Et Claire aussi, fit ma mère.

— Oui, répondit Marie, sans beaucoup de conviction.

— Et toi, qu'aurais-tu fait, petite Marie? demanda Mlle Herbeau.

— Moi, répondit naïvement la fillette, j'en aurais donné un peu, et j'aurais gardé le reste, comme ça tout le monde aurait été content ; mais l'histoire est bien plus jolie comme elle est.

— Tu trouves?

— Oui, parce que c'est une histoire comme il n'en arrive jamais.

C'était une opinion littéraire comme une autre, personne ne la contesta.

Le dîner fut gai, comme toujours, puis arriva le moment solennel choisi pour l'exhibition des herbiers.

Cette exhibition causa plus d'un étonnement : d'abord ce fut Marie qui arriva, non avec un herbier, mais avec un album sur chaque page duquel s'étalait un superbe bouquet, chef-d'œuvre de patience, et, chef-d'œuvre de patience bien plus grand encore, l'enfant savait le nom des fleurs de tous ses bouquets, leur famille et leurs propriétés.

On s'extasia sur ce résultat merveilleux, sans pourtant demander qui l'avait obtenu. Qui aurait-ce été, sinon la bonne, la douce, la charmante Laure?

A la fin de l'album, dans un cadre de pâquerettes d'un arrangement pittoresque, était écrit, d'une écriture non moins appliquée qu'irrégulière :

« Offert à maman, en témoignage de l'amitié de sa petite fille Marie, Lucienne Miramont, le 25 décembre 18... »

Maman remercia beaucoup sa petite fille et papa dit que, puisqu'elle était déjà si avancée dans l'étude des plantes, il allait lui faire commencer sérieusement la botanique.

Ce n'était pas tout, Marie avait encore une autre merveille

à nous faire voir, un autre bouquet qu'elle présenta à Mlle Herbeau avec sa plus belle révérence, et en l'accompagnant de cette poésie plus que fantaisiste due au génie d'un poète de Senlis des temps passés :

> Je vous offre un bouquet
> Qui n'est ni beau ni bien fait.
> Quand il sera entre vos mains,
> Il n'y manquera plus rien.

Alors ce fut à notre tour d'apporter nos collections, qui dans un carton, qui dans un registre, qui dans un portefeuille. Mais, surprise des surprises, Laure n'avait pas d'herbier !

— Pourtant..... m'écriai-je.

Ma mère m'apaisa du geste et nous dit que Laure avait, avec son autorisation, offert son herbier à la directrice de l'école des filles qui avait témoigné le désir d'en avoir un pour des *Leçons de choses* et n'avait pas assez de temps libre pour aller herboriser ni surtout pour préparer ensuite les plantes.

Il était dit que Laure ferait toujours mieux que les autres.

J'avais eu l'idée de donner ma collection à l'école, car il était inutile d'en conserver plusieurs pour une seule famille, mais je n'avais pas su résister au plaisir de la faire admirer auparavant.

Je ne pouvais plus offrir mon herbier à l'instituteur, cela aurait paru une plate imitation de Laure ; ce fut celle-ci que je priai de vouloir bien l'accepter en souvenir de nos promenades et de cette soirée de Noël.

Elle le prit en rougissant et me répondit qu'elle était d'autant plus contente d'avoir disposé de sa collection que cela lui en valait une bien plus précieuse pour elle que ne l'aurait été la sienne.

— Pourquoi ça? dit Louis, puisqu'elles sont pareilles, il n'a pas d'autres fleurs que toi puisque nous les avons ramassées tous ensemble.

Quelque temps auparavant, j'aurais été capable de faire la même question que Louis; je ne sais pourquoi j'en fus si choqué.

XIV

SUITES D'UN RÉCIT FANTASTIQUE

La nuit fut très agitée pour Marie ; surexcitée par la joie d'avoir vu admirer son album, par la fantastique légende de l'hellébore et aussi par deux ou trois tasses de thé, elle fit un rêve merveilleux dont il nous fallut, bon gré mal gré, entendre le récit le lendemain.

Dans une chambre d'assez pauvre apparence, Marie fut réveillée par une voix qui disait :

— Ah! ah! la voici, celle qui veut savoir nos secrets!

Elle se souleva sur son lit et vit auprès d'elle une vieille femme coiffée d'un bonnet rond pareil à celui de la mère Gélot, vêtue d'un déshabillé de molleton noir, avec un tablier de cotonnade bleue et un fichu d'indienne à grands ramages, croisé sur la poitrine.

— Ah! ah! répéta la vieille femme, la voici, celle qui veut savoir tous nos secrets.

Et elle ajouta :

— Sais-tu à quoi tu t'exposes, en cherchant à pénétrer les choses cachées?

— Je ne sais pas, madame, répondit Marie toute surprise de se trouver dans une chambre qui n'était pas la sienne, en compagnie d'une vieille femme qu'elle ne connaissait pas. Car, plus elle regardait la vieille, moins elle lui trouvait de ressemblance avec la mère Gélot, pour qui elle l'avait prise d'abord. Elle sentait la frayeur l'envahir, elle aurait voulu se sauver, mais une force invincible la clouait à son lit.

— Tu veux savoir ? regarde! reprit la vieille femme en touchant la muraille du bout du bâton sur lequel elle s'appuyait.

Une fleur blanche apparut à l'endroit qu'avait touché le bâton; sous la fleur s'allongea une branche portant d'autres fleurs et d'autres rameaux; la chambre ne fut bientôt plus qu'un bosquet, tout tapissé de fleurs blanches et rosées que Marie reconnut pour des fleurs de pommier.

Il en poussait à tout instant de nouvelles; Marie voyait les boutons se former, s'épanouir, se flétrir et tomber comme si des doigts invisibles les eussent posés et arrachés tour à tour avec une rapidité vertigineuse.

La tête lui tournait de ce mouvement incessant des grandes fleurs blanches qui se montraient et disparaissaient sur les branches brunes encore dépourvues de feuilles, et pourtant elle ne pouvait détourner ses regards.

La vieille femme la prit par la main, sans rien dire, et l'entraîna d'un pas saccadé à travers un étrange pays.

De hauts rochers battus par la mer, qu'on ne voyait pas, mais dont on entendait le bruit, élevaient dans un ciel pâle leurs rameaux noirs qui ressemblaient à des bras tendus pour montrer le chemin.

— La voici ! hurlaient les vagues; la voici ! criait le vent qui tordait les arbres sur son passage ; la voici ! chuchottaient les branches, en s'entre-choquant ; la voici ! murmuraient les ruisselets sous la mousse ; la voici ! chantaient les étoiles en tournant autour du pôle, dans leur ronde éternelle ; la voici ? Marie comprenait que c'était d'elle qu'il s'agissait, sa frayeur ne faisait que s'accroître de ces deux mots répétés partout sur son passage.

Elle essaya de s'arrêter, ce fut en vain, elle était entraînée malgré elle sur les pas de sa conductrice, elle marchait si vite, qu'il lui semblait voler à travers ce pays qu'elle ne connaissait pas, mais qu'elle savait très bien être la Suède.

Le ciel s'était assombri peu à peu, il n'y avait plus d'herbe sur la route, plus de feuillage sur les branches, plus de fleurs aux buissons. La compagne de Marie n'avait pas moins changé que le paysage. Son bonnet rond s'était transformé en une sorte de voile d'une étoffe épaisse et de couleur sombre, sous lequel ses cheveux blancs flottaient en mèches éparses; son fichu croisé s'était allongé en un manteau de bure, son jupon de molleton et son tablier de cotonnade étaient devenus une jupe brune sordide et en haillons. Ses rides s'étaient creusées, ses yeux éteints, elle paraissait si vieille, si vieille, qu'on lui aurait donné, pour le moins, plusieurs siècles. Marie comprit que c'était une de ces sorcières, auxquelles les fées ont accordé l'immortalité sans leur donner le pouvoir de rester jeunes. Elle calculait en elle-même combien de centaines et de centaines d'années cette femme avait vues s'écouler, mais elle ne pouvait jamais parvenir à en faire le compte.

De noir qu'il était, un instant auparavant, le ciel était devenu tout blanc, des flocons de neige voltigeaient dans l'air que n'agitait aucun bruit.

Marie suivait des yeux la chute lente et silencieuse des blancs flocons; d'abord elle put les compter, puis ils se multiplièrent et devinrent si nombreux que l'atmosphère en était toute blanche. Ils se croisaient, se balançaient, bondissaient comme s'ils eussent exécuté quelque danse mystérieuse. Un bruissement s'éleva, vague d'abord, puis plus distinct, puis étourdissant, il était formé du retentissement de milliers de petites voix aiguës qui chantaient, dans une langue inconnue à Marie, bien qu'elle pût saisir nettement le sens des paroles du chœur.

— C'est nous, disaient les voix, qui étendons sur les branches frileuses la blanche fourrure de l'hiver ; c'est nous qui protégeons les bourgeons endormis contre la rigueur des frimas; c'est nous qui conservons l'espoir du printemps.

Nous courons, nous volons de la forêt des montagnes jusqu'aux prairies des vallées, nous couvrons toute la terre d'un blanc manteau de neige.

— Hâtez-vous, hâtez-vous ! cria une voix plus sonore, voici que le vieux Nord envoie ses enfants, les vents et les tempêtes au souffle glacé, ne laissez pas périr l'espoir du printemps!

Marie vit alors que ce qu'elle avait pris pour des flocons de neige était autant de petits êtres vêtus de robes flottantes aussi blanches, aussi diaphanes, aussi légères que les fils de la Vierge ; elle reconnut les gnomes, protecteurs des fleurs, qui entassaient la neige sur les plantes afin de les préserver de la gelée.

Il lui sembla qu'ils en mettaient moins sur les fleurs printanières qui redoutent peu le froid, moins encore sur celles dont les bourgeons, comme ceux des peupliers et des bouleaux, sont chaudement vêtus de duvet.

Bientôt la terre fut toute blanche, les rameaux des sapins, lourds de givre, s'affaissaient, comme près de rompre sous le poids de petits grains scintillants ; les gnomes affairés, resserrant leur vol, passaient si près de Marie, qu'elle sentait sur son front le frôlement de leurs ailes et de leur robe.

La sorcière s'arrêta, et frappa la terre de son bâton en criant : La voici!

La danse des gnomes s'arrêta tout à coup, et de l'endroit qu'avait frappé la sorcière sortit un petit homme dont les jambes cagneuses portaient un petit corps surmonté d'une tête énorme.

Marie essaya de fuir, ses efforts ne réussirent qu'à l'éloigner de quelques pas du groupe hideux formé par le nain et la sorcière.

— Que veux-tu? demanda le nain.

— Que tu permettes à celle qui m'accompagne d'apprendre tous les secrets de la vie des fleurs.

— Elle voit déjà nos sœurs les gnomides, elle entend déjà la voix des elfes ; qu'elle écoute et qu'elle regarde, répondit le petit homme dans lequel Marie reconnut Dröm-Jan.

Des milliers de petites clochettes de cristal se mirent à tinter, des milliers de petits falots firent étinceler le givre suspendu aux branches; les gnomides reprirent leur travail et les elfes leur chant.

— C'est nous, disait le chœur, qui abritons les fleurs frileuses sous la blanche fourrure de l'hiver; hâtons-nous, voici que le vieux Nord envoie ses fils les ouragans au souffle destructeur.

Le nombre des travailleuses augmentait à tout moment, Marie ne distinguait plus rien autour d'elle et se sentit emportée dans un grand tourbillon glacé. C'étaient les tempêtes filles du Nord qui venaient d'arriver avec les ouragans leurs frères.

Le tourbillon devint enfin moins violent, Marie se trouva dans une campagne couverte de neige avec nous et une dame toute jeune qu'elle ne connaissait pas, mais qu'elle savait être Mlle Herbeau.

Nous creusions la terre, Louis et moi, pour trouver des plantes. Marie souriait en nous regardant faire, elle savait que nous ne trouverions rien, car elle voyait les germes des plantes

endormis sous la terre : c'était à peine si les petits perce-neige commençaient à se redresser au milieu de leur bulbe qui leur faisait comme un nid.

En regardant autour d'elle, Marie aperçut avec surprise le mur de l'usine, les arbres du jardin et la maisonnette du garde, de l'autre côté de la route.

Pendant qu'elle cherchait à se rendre compte de la manière dont elle avait pu franchir si vite la distance énorme qui la séparait de l'extrémité nord de la Suède, la jeune dame qui lui tenait la main ramassa une poignée de neige qu'elle jeta en l'air en disant :

— Allez, il est temps!

A ces mots, les légers flocons blancs qui gisaient inanimés sur le sol se levèrent en tournant sur eux-mêmes et se rassemblèrent pour former une gigantesque ronde, en même temps qu'un parfum léger se répandait dans l'air et que le ciel s'éclairait d'une lueur rose.

Tout se transformait à vue d'œil sur le passage du blanc tourbillon d'où sortaient des voix d'une douceur extrême qui chantaient à l'unisson sur un rythme joyeux.

— C'est nous qui préparons les splendeurs de l'été; voici que l'océan nous envoie ses filles, les brises et les ondées tièdes, pour nous aider à réveiller la nature engourdie. Elles arrivent escortant le printemps, éternellement jeune, dont nous avons protégé les richesses.

Maintenant nous préparons les splendeurs de l'été.

Le faîte des tilleuls rougissait, la pointe des bouleaux blondissait, chaque fois que la ronde les touchait en passant, les abricotiers se couvraient de fleurs blanches et les amandiers de fleurs roses ; les écorces craquaient sous l'afflux de la sève que Marie voyait monter à travers les canaux des tiges ; la plaine était devenue un verger plein d'une herbe si haute qu'on y enfonçait jusqu'aux genoux et tout planté de pommiers fleuris. Des vols d'insectes passaient en bourdonnant, les oiseaux gazouillaient dans les buissons, une jeunesse nouvelle s'était répandue sur toutes choses.

Marie elle-même était revenue au temps où elle n'était encore qu'un baby blond avec des cheveux bouclés flottant librement sur son cou.

La dame qui nous accompagnait et qui ressemblait à Mlle Herbeau était si jeune, si élégante, si jolie que Marie découvrit enfin qui elle était, c'était la reine des gnomides.

Je cueillais des branches fleuries pour les donner à Laure qui les prenait en souriant.

La reine des gnomides n'avait qu'à fixer ses regards sur une fleur pour que celle-ci prît un éclat sans pareil, qu'à l'effleurer d'un pli de sa robe pour qu'elle exhalât le plus doux parfum.

Marie enviait, malgré elle, cette puissance, elle soupirait en se disant : Que peut une petite fille comme moi? Elle ne peut rien.

La belle jeune femme se tourna vers elle :

— Une petite fille peut être bonne, si elle le veut, fit-elle doucement ; en fait de bonté, vouloir c'est pouvoir.

Marie toucha en hésitant et seulement « pour voir » une plante assez commune, une petite pulmonaire, qui prit aussitôt plus d'éclat et se chargea de fleurs tout le long de sa tige.

Ravie de son expérience, elle se mit à courir sous les pommiers en secouant les branches.

Ce fut comme une pluie de pétales blancs qui couvrirent l'herbe. Marie reconnut les petits génies ailés de la neige. A mesure qu'ils se détachaient de l'arbre, ils s'envolaient en chantant :

— C'est nous qui préparons les richesses de l'automne, hâtons-nous avant que le midi déchaîne ses fils les orages brûlants. L'été est revenu, le brillant été, père des moissons ; maintenant, nous préparons les richesses de l'automne.

Le ciel était d'un gris de plomb, l'air embrasé, le chœur s'était tu, un lourd silence s'étendait sur toute la nature, les arbres laissaient pendre languissamment leurs rameaux ; les feuilles tombaient, molles et fanées le long des tiges ; le verger avait disparu, nous étions au milieu d'une clairière, nous avions tous vieilli ; notre compagne, la reine des gnomides, promenait autour d'elle des regards attristés ; elle ressemblait davantage à Mlle Herbeau, elle avait comme elle des rides au coin des paupières et des cheveux blancs mêlés à ses cheveux blonds.

Laure ne souriait plus comme dans le verger, elle rêvait sans répondre à ce qu'on lui disait.

Marie sentait peser sur elle le regard d'une personne qu'elle devinait derrière elle ; elle se retourna afin de se soustraire à ce regard persistant qui lui causait une gêne douloureuse. Auprès de l'arbre sous lequel Claire était assise, se tenait debout une femme qui était Madeleine Gélot, sans être elle tout à fait, cependant, car c'était aussi la sorcière.

Elle étendit le bras du côté de Mlle Herbeau :

— Pourquoi retarder, dit-elle? ne sais-tu pas qu'il le faut? Vois!

Elle montra une feuille jaunie qui tombait, la première feuille morte de l'automne.

— Il le faut, répéta Mlle Herbeau. Elle se leva, fit le tour de la clairière, reprit Marie par la main et attendit.

Les feuilles jaunes tombaient, une vraie pluie couleur d'ambre.

A chaque fois qu'une d'elles touchait la terre, il en surgissait une goutte d'eau. Les gouttes s'élargissaient, se réunissaient en flaques; les flaques se rejoignaient en mares : la clairière n'était plus qu'un îlot.

Un grand vent se déchaîna, des éclairs livides sillonnèrent le ciel sombre, le tonnerre gronda; l'eau de la pluie vint s'ajouter à celle qui naissait du sol sous les baisers des feuilles. C'était l'orage.

Quand il fut apaisé, la clairière n'existait plus; à sa place s'étendait un grand lac à l'eau limpide sur les bords duquel des saules et des trembles se penchaient comme pour apercevoir le reflet de leurs feuillages dans le flot clair, tandis que des peupliers se redressaient fièrement derrière eux.

Des libellules à reflets d'acier voltigeaient capricieusement çà et là; des hirondelles, une aile étendue comme une voile, l'autre repliée le long du corps, se laissaient entraîner par le courant.

Au zénith, le ciel était d'un gris argenté, le couchant resplendissait de pourpre et d'or, une fraîcheur pénétrante flottait dans l'air. La nature était rassérénée bien qu'elle eût un air plus austère. Marie en compagnie de Claire et de la reine des gnomides, devenue presque vieille, était au milieu du lac, debout sur un étroit rocher; elle se demandait pourquoi on ne tâchait pas de nous rejoindre, Laure et moi, sur la rive d'où nous faisions des gestes d'appel. Elle sentait sourdre dans son esprit une inquiétude qui s'augmenta jusqu'à l'effroi, lorsqu'elle vit les pieds de ses compagnes rapetisser, se joindre et devenir une racine qui s'enfonça dans le rocher.

Elle regarda ses propres pieds, ils n'en faisaient déjà plus qu'un seul; elle sentit qu'elle allait devenir fleur comme le devenaient Louis, Claire et Mlle Herbeau, car c'était bien décidément Mlle Herbeau qui la tenait par la main.

Elle pensa : Voilà ce que voulait dire la sorcière quand elle me demandait si je savais à quoi je m'exposais.

— C'est nous qui préparons le sommeil de l'hiver, chantait le chœur invisible des gnomes; hâtons-nous, hâtons-nous avant que les frimas arrivent, à travers les continents glacés, portés sur l'aile du vent d'est. L'automne est revenu, le front couronné de pampres, les mains chargées de fruits; maintenant, il nous faut préparer le sommeil de l'hiver.

La pourpre du couchant se fondit en un jaune pâle qui s'effaça en un violet tendre, puis une étoile brilla dans le ciel comme une lampe de diamant.

La lune apparut à l'horizon, toute ronde; elle s'éleva majestueusement jusqu'à ce qu'elle fût au-dessus du lac dans les flots bleus duquel ses rayons plongeaient, pareils à de larges rubans d'argent moiré.

Marie pressentit qu'elle allait assister à quelque spectacle étrange; mais elle n'était plus effrayée du tout, tant le calme était profond, la nuit sereine et lumineuse. Elle attendait, simplement, en comptant les étoiles à mesure qu'elles s'allumaient au-dessus de sa tête.

Bientôt, sans s'être aperçue qu'elle changeait de place, elle se trouva dans un immense jardin dans lequel étaient réunies toutes les plantes qui poussent sur la terre, depuis la plus humble mousse jusqu'à l'arbre le plus gigantesque. Elle les connaissait toutes avec leur nom, leur pays, leurs propriétés, et toutes la connaissaient aussi. Quand elle passait, la fleur murmurait au gazon : C'est elle; le gazon le répétait aux troncs d'arbres qui le redisaient aux branches sur lesquelles les oiseaux se le gazouillaient les uns aux autres. Elle était accueillie comme une compagne, comme une sœur attendue.

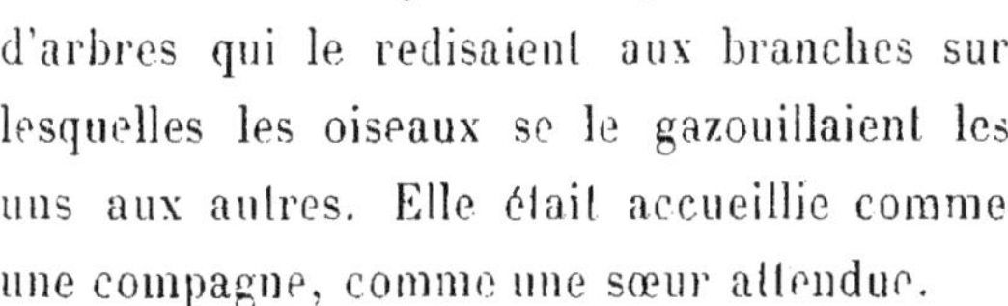

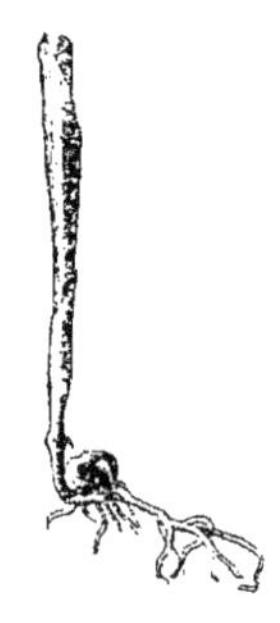

En même temps Marie voyait sous la terre de petites graines qui germaient; c'était d'abord leurs pieds qu'elles sortaient, et puis leur corps, et puis leur tête, et alors elles mettaient curieusement le nez à l'air pour savoir ce qui se passait dans le monde; on les prenait pour de simples petits brins d'herbe. Marie seule savait à quoi s'en tenir, elle savait que les graines étaient vivantes, qu'elles étaient les filles des fleurs et que les plantes étaient leurs filles.

Sur une branche, des bourgeons se montraient, en apparence pareils aux autres. Marie n'eut qu'à les regarder, ils gonflèrent, s'arrondirent, se détachèrent de la branche, s'en allèrent en roulant choisir une place qui fût à leur convenance, y prirent racine et devinrent de grands arbres : tout cela en moins de temps qu'il n'en faut pour le dire.

Comme elle traversait une pelouse, un petit homme dont la tête se composait d'une bouche à grosses lèvres s'approcha d'elle en sautillant sur un seul pied, et lui fit un compliment de bienvenue des mieux tournés : d'autres le suivirent, bizarres, fantastiques et tous d'une gaieté folle. Quand ils l'avaient saluée, ils se mettaient à danser et ils riaient, ils riaient à s'en faire éclater; l'un se fendait en long, l'autre en travers; il y en avait un dont la joue se soulevait comme un châssis quand il voulait parler, un autre dont le crâne s'ouvrait comme un couvercle de boîte

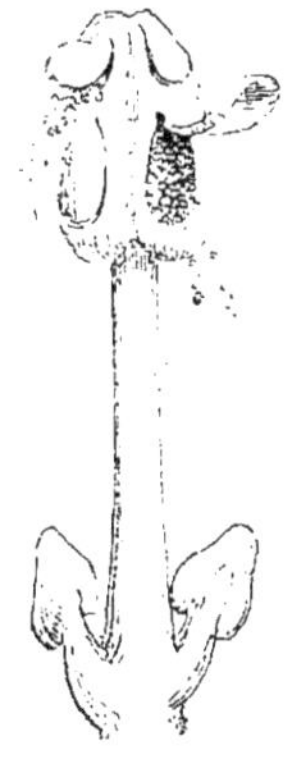

et laissait échapper toutes les pensées contenues dans la cervelle. Un autre, mince comme un fil, et coiffé d'un grand chapeau de prêtre espagnol, se dandinait côte à côte avec un gros bonhomme, à corps renflé, comme une outre à triple tête coiffée de capuchons (page 63).

A un moment donné, toutes les têtes se fendirent à la fois, les pensées en jaillissaient comme des fusées; c'étaient de petits ballons jaunes, blancs ou verdâtres suivant la nature de celui qui les avait produites ; elles se rencontraient, se heurtaient, se choquaient; il y en avait d'où sortait une longue flamme et qui se mettaient à tourner comme un soleil de feu d'artifice. Marie ne put s'empêcher de prendre part à la gaieté générale, elle se mit à sauter avec les petits bonshommes bizarres et à rire, à rire, tant et si bien qu'elle s'éveilla.

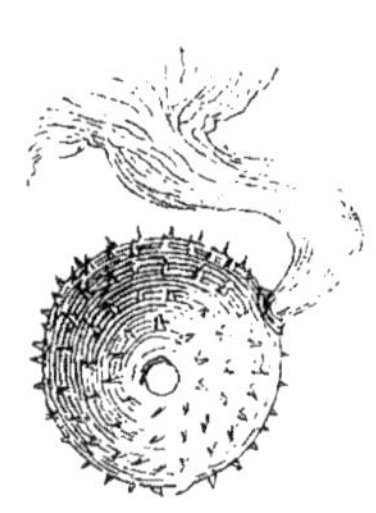

Ce rêve eut un épilogue. A quelques jours de là, Marie, qui feuilletait un album, s'écria tout à coup :

— Voilà les bonshommes de mon rêve ! Elle nous les montra tous; c'étaient des figures botaniques : une anthère d'Épacridée (page 63), une de laurier s'ouvrant par une valve, une de pyxidanthera qui s'ouvrait comme une boîte à savonnette, un ovaire de rhubarbe (page 63), un stigmate de polygala fendu en deux lèvres. Les bourgeons qui devenaient des plantes étaient des bulbilles: quant aux ballons jaunes, blancs, verdâtres qui sortaient des têtes ouvertes, c'étaient les grains de pollen dont quelques-uns arrivés au moment de la déhiscence projetaient un long tube pollinique d'où s'échappait la fovilla.

L

LABIÉES.
LAITERON, *Sonchus oleraceus.*
— *Sonchus asper.*
— *Sonchus ibericus.*
LAURIER-TIN, *Viburnum tinus.*
LAVANDE, *Lavendula.*
LENTIBULARIÉES.
LIERRE, *Hedera helix.*
LIERRE TERRESTRE, *Glechoma hederacea.*
LILIACÉES.
LIN, *Linum usitatissimum.*
LIN PURGATIF, *Linum catharticum.*
LINAIGRETTE, *Eriophorum.*
LINÉES.
LIS BLANC, *Libium album.*
LORANTHACÉES.
LYSIMAQUE VULGAIRE, *Lysimachia vulgaris* (Corneille perce-basse)
— *Lysimachia vulnerandi.*
— *Lysimachia nummularia* (Mononyère, Herbe aux écus).
LYTHRARIÉES.

M

MANSONIA ÉPINEUX, *Mansonia spinosa.*
MARRUBE VULGAIRE, *Marrubium vulgare* (Faux Dictame).
MATRICAIRE, *Matricaria chamomilla.*
MAUVE A FEUILLES RONDES, *Malva rotondifolia.*
MÉLÉACÉES.
MÉLILOT, *Melilotus arvensis.*
MÉLISSE, *Melissa.*
MERCURIALE, *Mercurialis.*
MILLEPERTUIS, *Hypericum perforatum.*
MOLÈNE OFFICINALE, *Verbascum thapsus* (Bouillon-blanc).
MORELLE NOIRE, *Solanum nigrum.*

MORELLE JAUNE, *Solanum ochroleucum*.
MOURON BLEU, *Anagallis*.
MOUTARDE BLANCHE, *Sinapis alba*.
MUGUET, *Convallaria maialis*.
MURIER, *Morus*.

N

NARCISSÉES.
NERPRUN, *Rhamnus catharticus*.
NIELLE, *Lychnis githago*.
NOISETIER, *Corylus*, (Coudrier).

O

OMBELLIFÈRES.
ORCANÈTE, *Onosma*.
ORIGAN, *Origanum vulgare* (Grande Marjolaine).
OXALIDÉES.
OXALIS ACÉTOCELLE, *Oxalis acetosella* (Surelle, Pain de coucou).

P

PAPAVÉRACÉES.
PAPILIONACÉES.
PARIÉTAIRE, *Parietaria diffusa*.
PARIÉTAIRE OFFICINALE, *Parietaria erecta*.
PARISETTE, *Paris quadrifolia* (Raisin de renard, *True-love*, *Troll-bär*).
PASTEL, *Isatis*.
PAVOT NOIR, *Papaver nigrum* (Œillette).
PELARGONIUM TRISTE (Géranium rosat).
PERSONNÉES.
PETITE CENTAURÉE, *Erythræa*.
PIED-DE-CHAT, *Gnaphalium dioicum*.
PIMENT, *Capsicum*.
PLANTAGINÉES.
PLANTAIN, *Plantago major*.
— *Plantago arenaria*.

S

T

U

V

Y

LISTE

DES PRINCIPALES FAMILLES NATURELLES

D'APRÈS LA MÉTHODE DE JUSSIEU

Plantes acotylédonées.

Algues.
Champignons.
Lichénées.
Mousses.
Équisétacées.
Lycopodiacées.
Fougères.

Plantes monocotylédonées.

Aroïdées.
Cypéracées.
Graminées.
Palmiers.
Alismacées.
Colchicacées.
Asparaginées.
Liliacées.
Broméliacées.
Dioscorées.
Narcissées.
Iridées.
Orchidées.

Plantes dicotylédonées diclines.

Cycadées.
Conifères.
Juglandées.
Urticées.
Artocarpées.
Morées.
Amentacées.
Euphorbiacées.
Cucurbitacées.

Plantes dicotylédonées apétales.

Aristolochiées.
Thymélées.
Laurinées.

Polygonées,
Chénopodées.
Amarantacées.
Nyctaginées.

Plantes dicotylédonées monopétales.

Nymphéacées.
Plantaginées.
Primulacées.
Lentibulariées.
Globulariées.
Orobanchées.
Scrofulariées.
Solanées.
Apocynées.
Jasminées.
Verbénacées.
Labiées.
Borraginées.
Convolvulacées.
Gentianées.
Ericinées.
Campanulées.
Composées.
Dipsacées.
Valérianées.
Rubiacées.
Caprifoliacées.
Loranthacées.
Aquifoliacées.

Plantes dicotylédonées polypétales.

Ombellifères.
Araliacées.
Renonculacées.
Berbéridées.
Rutacées.
Géraniacées.
Malvacées.
Tiliacées.
Hypéricinées.
Ampélidées.
Aurantiacées.
Acérinées.
Polygalées.
Oxalydées.
Linacées.
Fumariacées.
Papavéracées.
Crucifères.
Résédacées.
Droséracées.
Violariées.
Caryophyllées.
Portulacées.
Grossulariées.
Saxifragées.
Lythrariées.
Rosacées.
Légumineuses.
Célastrinées.

4276-85. — Corbeil. Typ. et stér. Crété.

XV

CONCLUSION

J'avais fait déjà un certain nombre de découvertes au cours de nos excursions; la veille de Noël, je découvris le moyen, que j'avais tant cherché, de retenir Laure, à jamais, parmi nous.

Cette idée me vint au moment précis où le portefeuille qui contenait mon herbier passa de mes mains aux siennes.

Je m'en ouvris le soir même à ma mère, qui me conseilla d'en parler à mon père, sans me dissimuler que son appui m'était acquis.

Mon père me dit qu'il fallait attendre, que nous étions bien jeunes, et je promis de ne rien dire à Laure.

Je gardai donc le silence, bien résolu à attendre que mon père me permît de parler, car je comprenais par quelle délicatesse il refusait d'engager l'avenir de Laure.

Le premier de l'an arriva ; j'avais acheté, sur mes économies, deux petites bagues bien simples pour Claire et pour Laure. C'étaient de petits anneaux formés d'une tresse d'or et d'argent fort à la mode alors et qu'on appelait des sorcières.

Claire me sauta au cou à la vue du modeste bijou et Laure me serra la main en me remerciant.

— Ah ! Laure, m'écriai-je, si tu voulais....

Je m'arrêtai, pensant à la promesse qui me liait envers mon père.

Laure se jeta dans les bras de ma mère qu'elle embrassa à deux reprises et passa sans rien dire la petite bague à l'annulaire de sa main gauche.

Je l'épousai trois ans après, le jour même où j'eus mes vingt et un ans. Tous mes camarades disaient que je faisais une sottise en me mariant si jeune ; quant à moi, je crois avoir accompli l'acte le plus sage de toute ma vie, puisqu'il a assuré mon bonheur.

LISTE
DES PLANTES ET DES FAMILLES

DONT IL EST FAIT MENTION DANS CET OUVRAGE

A

Ache, *Apium graveolus*.
Aconit napel, *Aconitum napellus* (Bonnet de prêtre).
Acore, *Acorus*.
Alkékenge, *Physalis alkekengi* (Coqueret).
Alismacées.
Androsème officinale, *Androsæmum officinalis*.
Aquifoliacées.
Arnica, *Arnica montanum*.
Aroïdées.
Armoise, *Artemisia absinthium*.
Aubergine, *Solanum melongena*.
Aunée, *Inulus helenium*.

B

Bardane, *Lappa*.
Basilic, *Ocymum basilicum*.
Beccabunga, *Veronica beccabunga* (Cresson de chien, Cresson de cheval, Salade de chouette).
Bec de grue, *Geranium cicutarium*, *Erodium cicutarium*.

D

E

F

G

H

I

TABLE DES MATIÈRES

CONTENUES DANS CE VOLUME

CHAPITRE PREMIER

JANVIER

CHAPITRE II

FÉVRIER

CHAPITRE III

MARS

CHAPITRE IV

AVRIL

CHAPITRE V

MAI

CHAPITRE VI

JUIN

CHAPITRE VII

JUILLET

CHAPITRE VIII

AOUT

CHAPITRE IX

SEPTEMBRE

CHAPITRE

OCTOBRE

CHAPITRE XI

NOVEMBRE

CHAPITRE XII

DÉCEMBRE

CHAPITRE XIII

LE ROI DES FJORDS OU LA LÉGENDE DE L'HELLÉBORE

CHAPITRE XIV

SUITES D'UN RÉCIT FANTASTIQUE

CHAPITRE XV

CONCLUSION

FIN DE LA TABLE DES MATIÈRES.

4276 85. — Corbeil. Typ. et stér. Crété.

4270-35. — Corbeil. — Typ. et stér. CRÉTÉ.

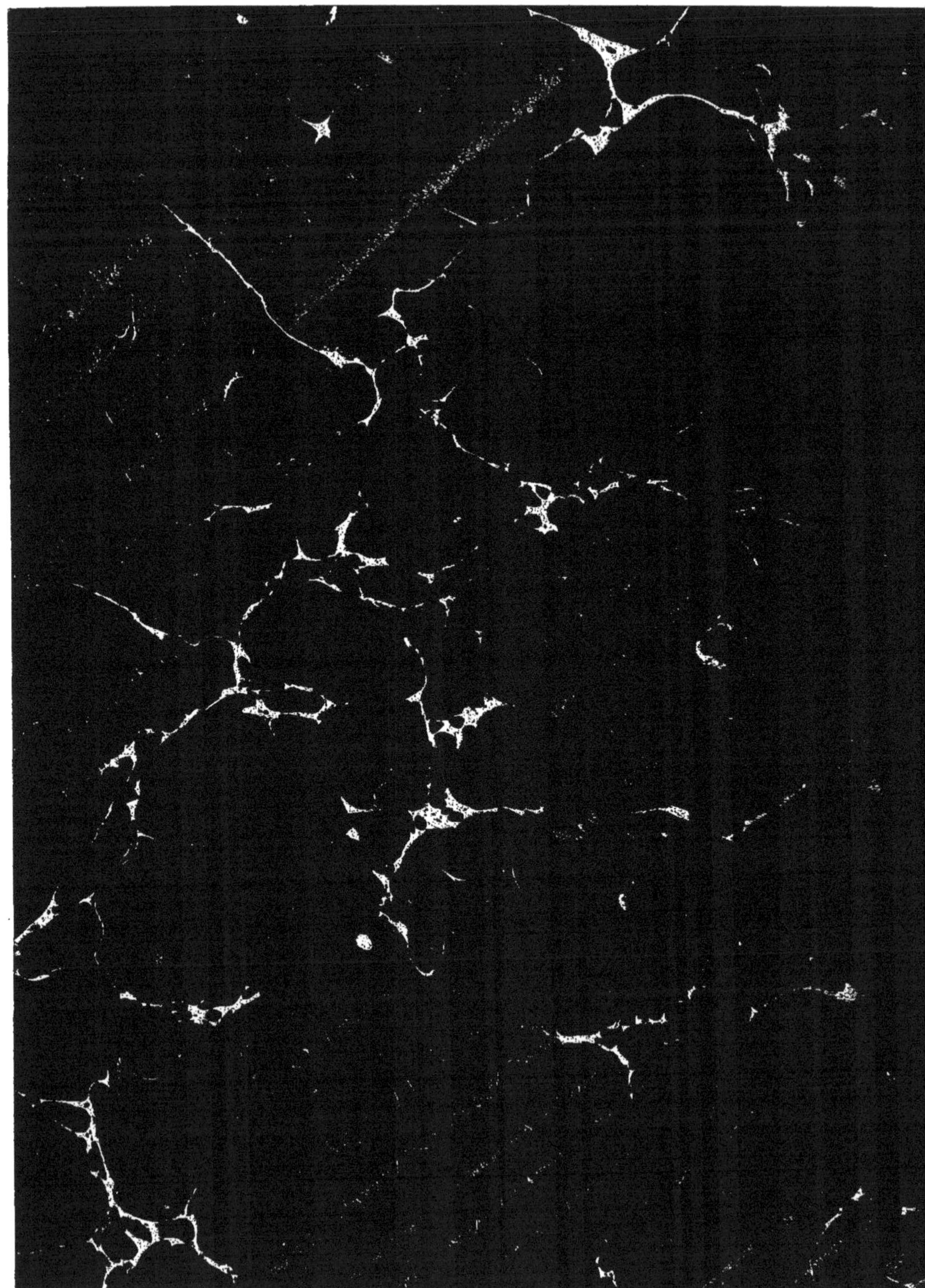

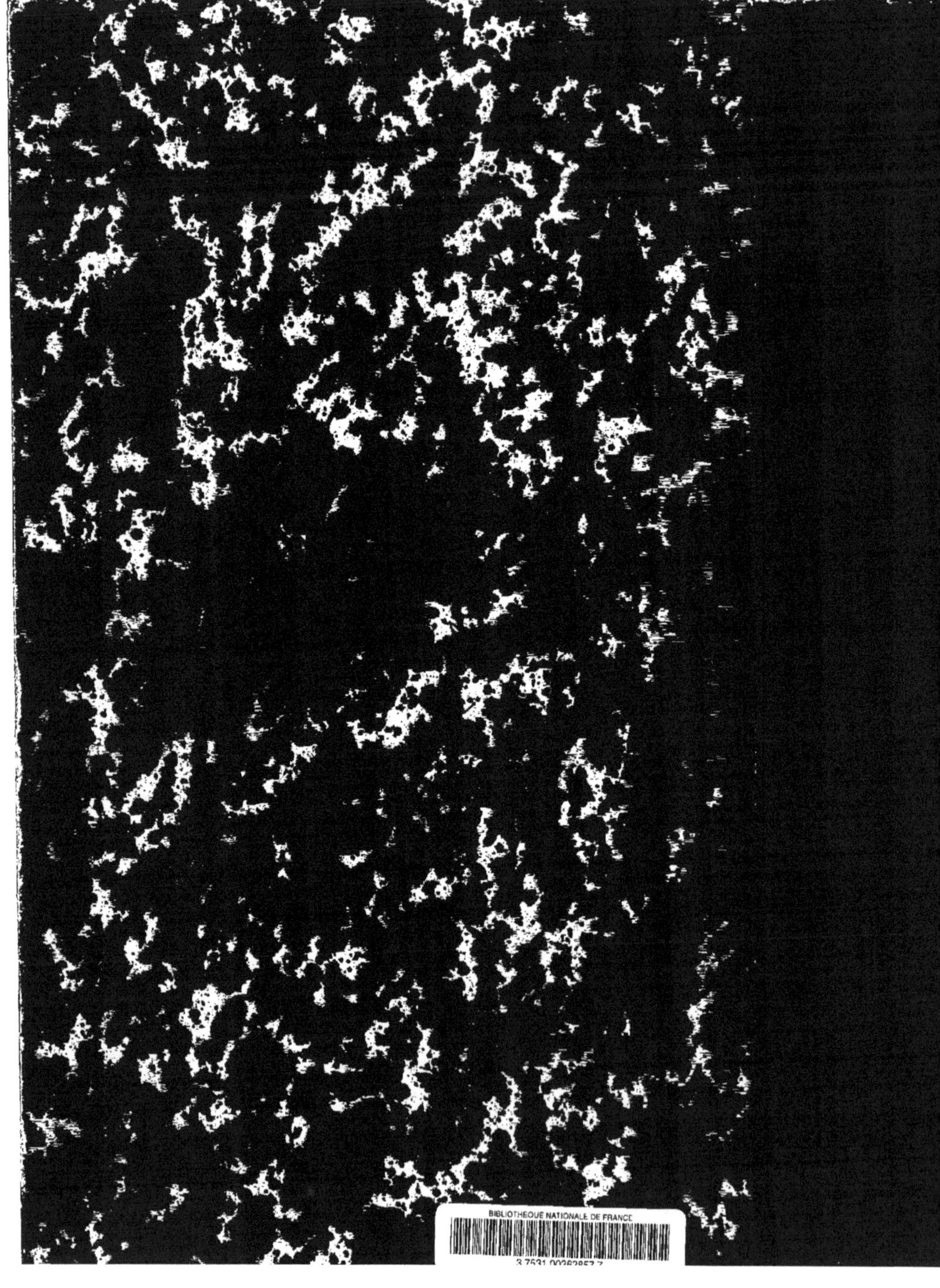

www.ingramcontent.com/pod-product-compliance
Ingram Content Group UK Ltd.
Pitfield, Milton Keynes, MK11 3LW, UK
UKHW012201240726
13966UKWH00002B/488

9 782011 769589